“十三五”职业教育国家规划教材

建筑装饰设计原理

第2版

主　编　焦　涛
副主编　袁新华
参　编　刘德泉　张　璐　刘　一
主　审　胥昌群

机 械 工 业 出 版 社

本书主要内容包括：绪论，建筑装饰设计概论，室内空间组织，室内空间界面设计，室内光环境设计，室内色彩设计，家具与陈设，室内绿化、小品，建筑外部装饰设计以及附录装饰工程实例等。

本书可作为高职高专建筑装饰工程技术专业教学用书，也可作为同等学力建筑装饰专业及岗位培训教材，同时也可供建筑装饰工程技术人员学习与参考。

为方便教学，本书配有电子课件，凡使用本书作为教材的教师均可登录机械工业出版社教育服务网 www.cmpedu.com 免费注册下载。咨询邮箱：cmpgaozhi@sina.com。咨询电话：010-88379375。

图书在版编目（CIP）数据

建筑装饰设计原理 / 焦涛主编 . —2 版 . —北京：机械工业出版社，2018.2（2021.7 重印）
“十三五”职业教育国家规划教材
ISBN 978-7-111-62312-0

Ⅰ . ①建…　Ⅱ . ①焦…　Ⅲ . ①建筑装饰—建筑设计—高等职业教育—教材　Ⅳ . ① TU238

中国版本图书馆 CIP 数据核字（2019）第 052110 号

机械工业出版社（北京市百万庄大街 22 号　邮政编码 100037）
策划编辑：常金锋　责任编辑：常金锋　郭克学
责任校对：佟瑞鑫　封面设计：陈　沛
责任印制：孙　炜
北京中科印刷有限公司印刷
2021 年 7 月第 2 版第 3 次印刷
184mm × 260mm · 11.5 印张 · 274 千字
标准书号：ISBN 978-7-111-62312-0
定价：48.00 元

凡购本书，如有缺页、倒页、脱页，由本社发行部调换
电话服务　　网络服务
服务咨询热线：010-88379833　机 工 官 网：www.cmpbook.com
读者购书热线：010-68326294　机 工 官 博：weibo.com/cmp1952
教育服务网：www.cmpedu.com
封面无防伪标均为盗版　金 书 网：www.golden-book.com

第2版前言 | PREFACE

“建筑装饰设计原理”是高职高专建筑装饰工程技术专业的一门主干专业课程。建筑装饰设计是一门多学科多门类交叉的复合性学科，其集工程技术与艺术于一体，涉及面广、影响因素多、综合性强、实践性强、技术要求高。因此，本书从培养学生的实际操作能力入手，着重论述建筑室内外空间装饰设计的基本原理、规律和设计方法，把握原理、规律够用为度，紧密结合理论教学设置了实训练习，并提供装饰工程实例——湖北省博物馆四层展厅装饰设计（部分），以期能理论联系实际，通过实训加强学生对原理、规律、方法的理解，使学生在实际工程设计中能抓住建筑装饰工程中的关键问题和要解决的主要矛盾，并能综合运用有关学科基本知识，解决建筑装饰工程中的实际问题，做到学以致用，从而使学生具有完整的知识结构和实际操作能力。

本书既适宜作为大、中专建筑装饰工程技术专业的教材，亦可作为建筑装饰企业项目经理、设计人员、施工人员及其他工程技术人员的自学教材、岗位培训教材和学习参考书。

本书是根据教育部最新制订的高职高专建筑装饰工程技术专业教育标准和教学大纲的要求编写的，内容符合国家现行规范和规定。在编写中力求做到内容精练、深入浅出、图文并茂，以实用性理论为基础，将理论知识与实践技能紧密结合，并紧扣当前实际工程需要。

本书由河南建筑职业技术学院焦涛任主编，袁新华任副主编，河南泰利装饰工程有限公司刘德泉和河南建筑职业技术学院张璐、刘一参与了编写。具体编写分工如下：焦涛编写绪论和第1、2章；袁新华编写第3、6、8章；刘德泉编写第4章，并提供部分所附工程实例；张璐、刘一共同编写第5、7章。全书由郑州创意装饰设计有限公司设计总监胥昌群主审，并提供部分所附工程实例。

此外，本书在编写过程中参考了相关文献资料，谨此对文献资料的作者表示诚挚的感谢。

由于编者水平有限，时间仓促，书中难免有不足之处，敬请读者批评指正，以便修改补充。

本书配有电子课件，供选用本书作为教材的老师免费参考。请登录 www.cmpedu.com 下载，或拨打 010-88379375 索取。

编　者

目录 | CONTENTS

第 2 版前言

绪论 …… 001

0.1 建筑装饰设计的含义 …… 001

0.2 建筑装饰设计的分类 …… 002

0.3 建筑装饰设计的发展 …… 003

第 1 章 建筑装饰设计概论 …… 015

1.1 建筑装饰设计的内容和设计要素 …… 015

1.2 建筑装饰设计原则和设计依据 …… 017

1.3 人体工程学与建筑装饰设计 …… 019

1.4 建筑装饰设计方法和设计程序 …… 027

实训练习 1 幼儿园活动室设计 …… 029

第 2 章 室内空间组织 …… 030

2.1 室内空间的概念 …… 030

2.2 室内空间的类型与空间形态心理 …… 031

2.3 空间构图的形式美法则 …… 037

2.4 室内空间组织设计 …… 040

第 3 章 室内空间界面设计 …… 047

3.1 室内空间界面设计概述 …… 047

3.2 室内空间界面设计要点 …… 049

3.3 地面装饰设计 …… 052

3.4 侧界面装饰设计（包括墙面、柱子、隔断等）…… 054

3.5 顶棚装饰设计 …… 062

3.6 门窗装饰设计 …… 065

实训练习 2 酒店大堂空间组织及界面装饰设计 …… 067

第 4 章 室内光环境设计 …… 069

4.1 光的基本特性与视觉效应 …… 069

4.2 光源的类型和选择 …… 070

4.3 室内照明的作用与形式 …… 073

4.4 室内照明设计 …… 077

实训练习 3 某宾馆大堂的光环境设计 …… 085

第 5 章 室内色彩设计 …… 087

5.1 色彩的基本概念 …… 087

5.2 色彩的作用和效果 …… 088

5.3 材质、照明与色彩 …… 090

5.4 室内色彩设计的原则和方法 091

第 6 章 家具与陈设 …… 094

6.1 家具发展概述 …… 094

6.2 家具的作用与分类 …… 102

6.3 家具的设计与布置 ………… 106
6.4 陈设的作用与分类 ………… 110
6.5 陈设的配置原则和陈列方式 ………… 115

第7章 室内绿化、小品 ……… 121
7.1 室内绿化 ………… 121
7.2 室内水景与山石 ………… 129
7.3 室内小品 ………… 134
实训练习4 室内家具、陈设、绿化的选择和布置 … 134

第8章 建筑外部装饰设计 …… 136
8.1 建筑外部装饰设计概述 …… 136
8.2 建筑外观装饰设计 ………… 138
8.3 建筑外部环境设计 ………… 151
8.4 建筑外部照明设计 ………… 167
实训练习5 某专卖店店面装饰设计 ………… 171

附录 ………… 172
附录A 轩辕阁设计说明 ……… 172
附录B 第十一届中国郑州国际园林博览会 中国园林—河南篇展厅设计说明 ………… 173
附录C 洛阳惠普产业园3号楼装饰工程设计说明 ………… 175

参考文献 ………… 176

绪　论 | INTRODUCTION

学习目标： 通过学习，了解建筑装饰设计的概念、目的和分类，掌握中外建筑装饰的发展概况和发展趋势，了解建筑装饰主要风格流派的思想理论。

0.1　建筑装饰设计的含义

0.1.1　建筑装饰设计的概念

现代意义上的建筑装饰设计是指通过物质技术手段和艺术手段，为满足人们生产、生活活动的物质需求和精神需求而进行的建筑室内外空间环境的创造设计活动。其中包括两大部分内容，一是以建筑内部空间环境为研究对象的室内设计，二是以建筑外部空间环境为研究对象的建筑外部环境设计。

需要注意的是，这里所说的建筑装饰设计不同于建筑装潢和建筑装修。“装潢”一词原义是指“器物或商品外表”的“修饰”，建筑装潢着重从表面的、视觉艺术的角度来探讨和研究建筑室内外各界面的处理，如地面、墙面、室内顶棚等界面的造型处理、装饰材料的选用，其中可能涉及家具、灯具、陈设等的选择、配置和设计问题。建筑装修主要是指建筑施工完成之后，对地面、墙面、顶棚、门窗、隔墙等的最后的装修工程，其更着重于构造做法、施工工艺等工程技术方面的问题。而建筑装饰设计不仅包括视觉艺术和工程技术两方面的内容，还包括空间组织，声、光、热等物理环境，环境氛围及意境等心理环境和文化内涵等方面的内容。

0.1.2　建筑装饰设计的目的和意义

建筑装饰设计的目的主要表现在两个方面：一是在物质需求方面，使空间使用功能更加合理，利用现代科学技术改善声、光、热等物理环境，以满足人们的生理要求，使生产、生活活动更加安全、舒适、便捷、高效；二是在精神需求方面，创造符合现代人审美情趣的、与建筑使用性质相适宜的空间艺术氛围，愉悦人们的身心，保障人们的心理健康，彰显个性，表现时代精神、历史文脉等。

建筑装饰设计是与人们的生活息息相关的，与当代社会物质、文化生活状况紧密相连。因此，建筑装饰设计总是烙有时代的印记，从各个侧面反映出一个时代的哲学思想，美学观念，社会经济、科学技术水平，民风民俗等。

0.1.3　建筑装饰设计与建筑设计的关系

建筑装饰设计是在已给定的建筑空间形态中进行再创造，因此建筑装饰设计与建筑设计关系密切，一般认为建筑设计是建筑装饰设计的基础，建筑装饰设计是建筑设计的延续和深化，两者是相辅相成的，是一个不可分割的整体。

因此，建筑师在建筑设计时应对建筑空间环境有大体构思，并留出再创造余地，为建筑装饰设计师提供一个宽松、良好的创作条件，而建筑装饰设计师应加强建筑方面的修养，在进行装饰设计时，应熟悉建筑及建筑设计，准确把握建筑师的设计意图，进而将其深化、完善。当然，建筑装饰设计并不是只能被动地从属于建筑设计、消极地顺应建筑设计的意图，通过建筑装饰设计的再创造，不仅可以弥补建筑设计的缺陷或不足，甚至可以改变建筑空间的环境氛围，乃至建筑空间的使用性质和使用功能。

0.2 建筑装饰设计的分类

依据研究对象的不同，建筑装饰设计可分为室内装饰设计和建筑外部装饰设计两大类。

依据建筑类型的不同，建筑装饰设计可分为居住建筑装饰设计、公共建筑装饰设计、工业建筑装饰设计、农业建筑装饰设计，如图 0-1 所示。

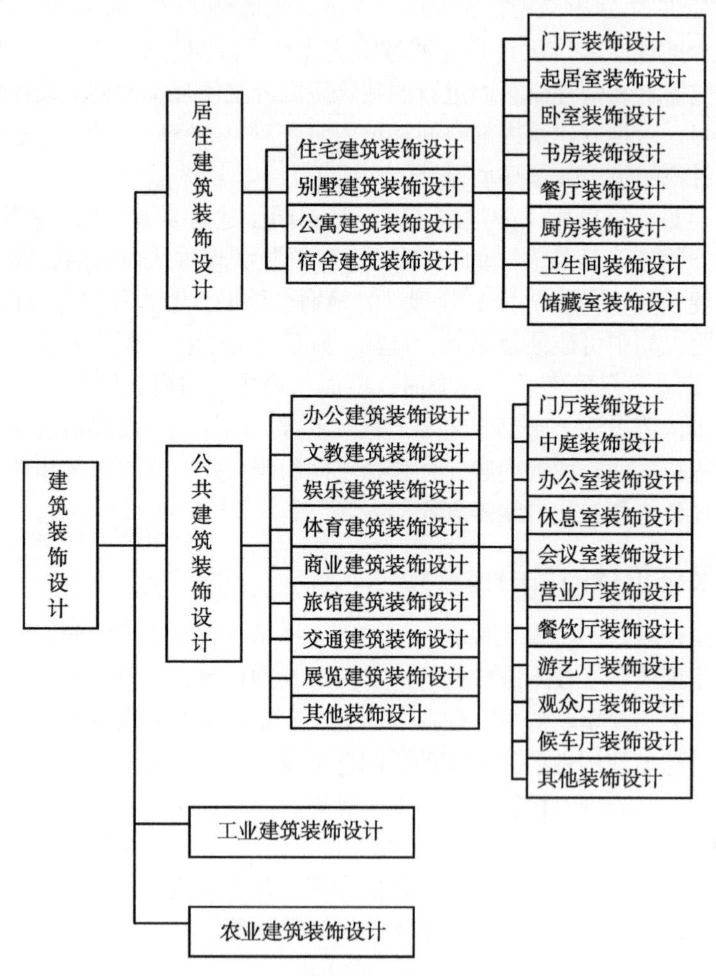

图 0-1 建筑装饰设计的分类

依据建筑类型进行分类的目的在于使设计者明确建筑空间的使用性质，以便于进行设计定位。因为不同类型的建筑，尤其是其主要功能空间，设计的要求和侧重点各不相同，如展览建筑对文化内涵、艺术氛围等精神功能的设计要求就比较突出；观演建筑的表演空间则对声、光等物理环境方面的设计要求较高；而工业、农业等生产性建筑的车间和用房，更注重生产工艺流程以及温度、湿度等物理环境方面的设计要求。即便是使用功能相同的空间，如门厅、过厅、电梯厅、盥洗室、接待室、会议室等，也会因建筑的使用性质不同而有所不同，如环境气氛、设计标准等。

0.3 建筑装饰设计的发展

0.3.1 建筑装饰设计的发展过程

1. 中国古代建筑装饰

中国古代建筑以木材为主要建筑材料，形成了世界建筑史长河中一个独特的体系。这一体系以其独特的木构架结构方式、卓越的建筑组群布局成就等著称于世，同时也创造了特征鲜明的外观形象和建筑装饰方法。

上古时代，人们创造了穴居、巢居两种原始居住方式，并进一步发展为木骨泥墙建筑和干阑式建筑。这时，人们已经能对建筑空间进行简单的组织与分隔，并使用白灰抹地用于防潮，同时获得光洁、明亮的效果，还在墙面上绘制图案，这应是中国最早的建筑装饰了。例如西安半坡村的圆形居住空间，已考虑按使用需要将室内做出分隔，使入口和火炕的位置布置合理，如图 0-2 所示。龙山文化时期，出现了两间相连的吕字形房屋，内外两室分工明确，反映出以家庭为单位的生活方式，如图 0-3 所示。

经夏、商、西周至春秋时期，木构架形式已略具雏形，瓦的发明使建筑从茅茨土阶的简陋状态进入较高级的阶段，而且建筑装饰和色彩也有了很大发展。据《论语》所载“山节藻棁”和《春秋穀梁传注疏》所载“礼楹，天子丹，诸侯黝垩，大夫苍，士黄主”，可见当时的建筑已施彩，而且在用色方面有了严格的等级制度。春秋时期思想家老子在《道德经》中提出：“凿户牖以为室，当其无，有室之用。故有之以为利，无之以为用。”形象生动地论述了“有”与“无”、围护与空间的辩证关系，也提示了室内空间的围合、组织和利用是建筑室内设计的核心问题。

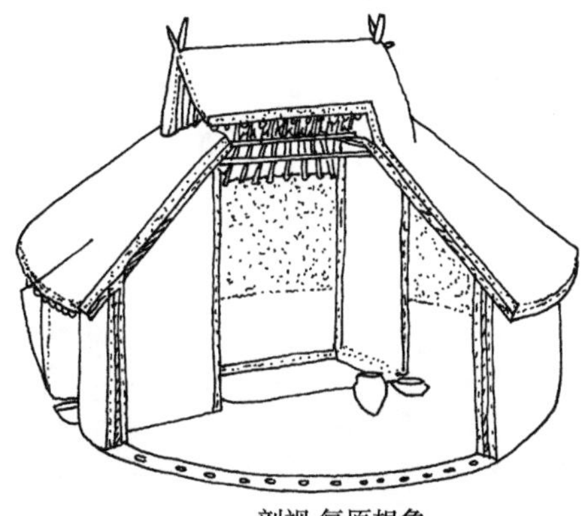

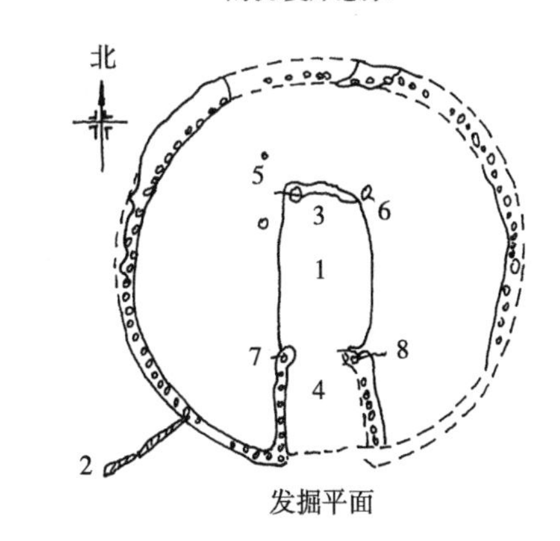

图 0-2　西安半坡村原始社会圆形住房
1—灶炕　2—墙壁支柱炭痕
3、4—隔墙　5~8—屋内支柱

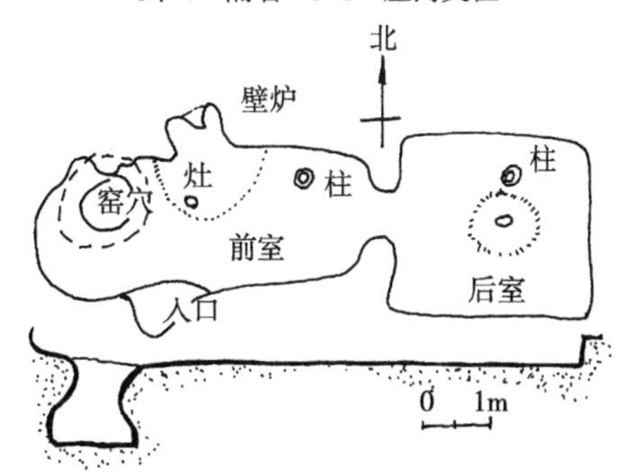

图 0-3　西安客省庄龙山文化房屋遗址平面

战国至秦汉时期，木构架的主要结构形式已形成，斗拱已普遍使用，屋顶形式也已多样化，中国古建筑的主要特征都已具备，说明木构架建筑体系已基本形成。从出土的瓦当、器皿等实物以及画像石、画像砖中描绘的窗棂、栏杆图案来看，当时的室内装饰已相当精细和华丽；室内家具已相当丰富，床、榻、席、屏风、几案、箱柜等已普遍使用，如图 0-4~ 图 0-6 所示。

图 0-4 四川成都东汉明器

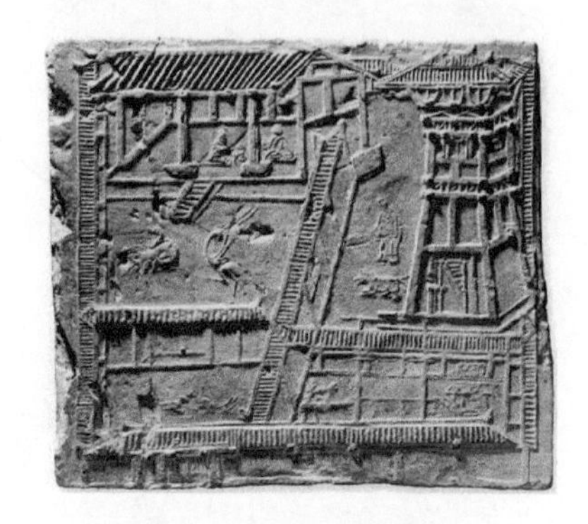

图 0-5 四川成都画像砖

图 0-6 曲阜画像石

魏晋南北朝时期是中国历史上分裂动荡的时期，也是民族大融合的时期，室内家具发生了很大变化，高坐式家具如椅子、方凳、圆凳等由西域传入中原，如图 0-7 所示。同时由于佛教的传入，也带来了许多新的装饰纹样。

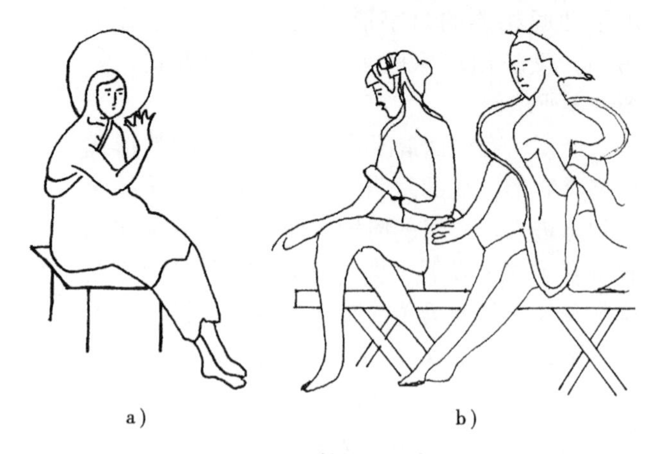

a）　　b）

图 0-7 敦煌 257 窟
a）方凳 b）胡床

唐代是中国木构建筑发展的成熟时期，其建筑规模宏大、规划严整、气魄宏伟、庄重大方，建筑群处理也愈趋成熟，建筑艺术与结构技术达到了完美的统一。家具仍以席地而坐的低式家具为主，但垂足而坐也渐成风尚，高坐式家具类型逐渐增多，至五代，垂足而坐的起居方式成为主流。由于染织技术的发达，室内帷幔、帘幕、坐垫等的使用提高了居室的舒适度。图 0-8、图 0-9 所示为保存至今的唐代建筑山西五台山佛光寺大殿内景，反映出唐代建筑室内梁架和天花形式及低坐的起居习惯。

图 0-8　山西五台山佛光寺大殿内景（一）

图 0-9　山西五台山佛光寺大殿内景（二）

由于宋代手工业水平的提高，加之统治阶级对奢华生活的追求，建筑装饰与色彩有了很大发展。宋代开始大量使用格子门、格子窗，门窗格子有球纹、古钱纹等多种式样，不仅改善了采光条件，还增加了装饰效果。建筑木架部分开始采用各种华丽的彩画，加上琉璃瓦的大量使用，使建筑外观形象趋于柔和秀丽。在内部装饰上，天花形式发展为大方格的平棊和强调主体空间的藻井，空间分隔多采用木隔扇，由于普遍使用了高坐式家具，室内空间也相应提高。同时，室内陈设也趋于多样化，如字画、瓷器、铜器、漆器及金银器等都普遍用于室内装饰。图 0-10、图 0-11 所示为清明上河图中所描绘的上善门城楼和城内街道、建筑形象。

图 0-10　清明上河图中上善门城楼

图 0-11　清明上河图城内街景

明清时期是我国古建筑最后的发展时期，木构架建筑重新定型，形象趋于严谨稳重。官式建筑的装饰日趋定型化，如彩画、门窗、隔扇、天花等都已基本定型，建筑色彩因运用琉璃瓦、红墙、汉白玉台基、青绿点金彩画等鲜明色调而产生了强烈对比和极为富丽的效果。以造型简洁秀美著称的明代家具成为中国家具的杰出代表。明清时期建筑外部装饰、室内布局和细部装饰特色如图 0-12~ 图 0-18 所示。

图 0-12　建筑外檐装饰（皇穹宇）

图 0-13　乾清宫明间内景

图 0-14　九龙壁局部

图 0-15　园林建筑室内

图 0-16　太和门天花与彩画

图 0-17　万春亭藻井

图 0-18　太和殿藻井

2. 西方古代建筑装饰

古希腊是欧洲文化的摇篮，古希腊建筑艺术及其建筑装饰已达到相当高的水平。神庙建筑的发展促使多立克、爱奥尼、科林斯三种柱式的发展和定型，如图 0-19 所示。柱式构成的柱廊起到了室内外空间过渡的作用，古希腊建筑中性格鲜明、比例恰当、逻辑严谨的柱式和山花部位的精美雕刻成为主要的外部装饰；其内部装饰也极有特点，如帕提农神庙正殿内的多立克柱廊采用了双层叠柱式，不仅使空间比较开敞，而且将殿内耸立的雅典娜塑像衬托得更加高大，如图 0-20 所示。

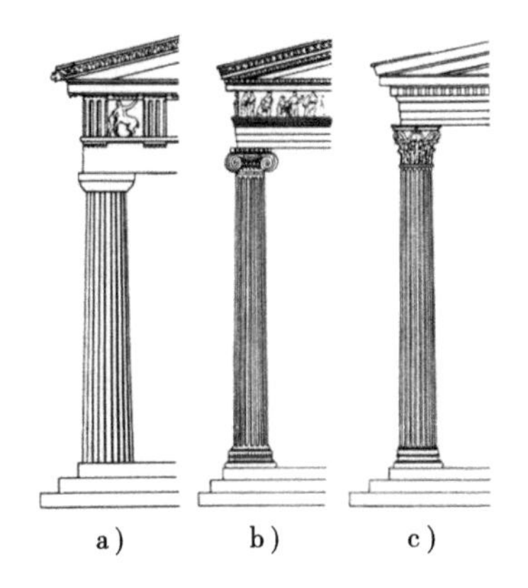

图 0-19　古希腊柱式

a) 多立克柱式　b) 爱奥尼柱式　c) 科林斯柱式

图 0-20　帕提农神庙内景

古罗马建筑继承并发展了古希腊建筑的特点，其建筑类型多，建筑及装饰的形式和手法相当丰富，从庞贝城遗址中贵族宅邸的内墙面壁画、大理石地面、金属和大理石家具等来看，当时的室内装饰已相当成熟。尤其是壁画，已呈现多种风格，有的在墙、柱面上用石膏仿造彩色大理石板镶拼的效果；有的用色彩描绘具有立体感的建筑形象，从而获得扩大空间的效果；有的则强调平面感和纯净的装饰……这些成为当时室内装饰的主要特点。古罗马万神庙以单纯有力的空间形体，严谨有序的构图，精巧的细部装饰，圣洁庄严的环境气氛，成为集中式空间造型最卓越的典范。

欧洲中世纪，基督教文化繁荣，建筑装饰的成就主要表现在教堂建筑上。拜占庭建筑以华丽的彩色大理石贴面和玻璃马赛克顶画、粉画作为主要室内装饰特色。罗马式建筑以典型的罗马拱券结构为基础，创造了高直、狭长的教堂内部空间，强化了空间的宗教氛围。哥特式建筑进一步发展，图 0-21 所示兰斯大教堂，狭长高耸的中厅空间，嶙峋峻峭的骨架结构营造了强烈的向上的动势，体现了神圣的基督精神，而色彩斑斓的彩色玫瑰窗，又增添了一份庄严与艳丽。

文艺复兴时期在建筑装饰上最明显的特征是重新采用体现和谐与理性的古希腊、古罗马时期的柱式构图要素，并将人体雕塑、大型壁画、线型图案的铸铁饰件等用于室内装饰，几何造型成为主要的室内装饰母题。

随着文艺复兴运动的衰退，巴洛克风格以热情奔放、追求动感、装饰华丽的特点风靡欧洲。在室内装饰上主要表现为强调空间层次，追求变化与动感，打破建筑、雕刻、绘画之间的界限，使它们互相渗透，使用鲜艳的色彩，并以金银、宝石等贵重材料为装饰，营造出奢华的风格和欢快的气氛。

18 世纪初，更加纤巧、华丽的洛可可风格在法国兴起，其主要表现在室内装饰上，在室内排斥一切建筑母题，使用千变万化的舒卷着、纠缠着的草叶、贝壳、棕榈等具有自然主义倾向的装饰题材，喜欢娇艳的色彩和闪烁的光泽。图 0-22 所示的苏比兹府邸客厅为典型的洛可可风格。

图 0-21　兰斯大教堂

图 0-22　苏比兹府邸客厅

18 世纪下半叶到 19 世纪末，新古典主义、浪漫主义、折衷主义三种形式的复古思潮再次兴起。新古典主义重新采用古典柱式，提倡自然的简洁和理性的规则，几何造型再次成为主要的装饰形式，并开始寻求功能的合理性。浪漫主义以追求中世纪的艺术形式和异国情调为表现，尤以复兴哥特式建筑为主。折衷主义没有固定程式，任意模仿历史上的各种风格，或自由组合，但讲究比例，追求纯形式的美。

3. 近现代建筑装饰

19 世纪中叶以后，随着工业革命的蓬勃发展，建筑及装饰设计领域进入了崭新的时代。以工艺美术运动、新艺术运动、分离派等为代表的艺术流派掀起了一系列设计创新运动，在净化造型、注重功能和经济、适应工业化生产等方面开拓创新。图 0-23 所示为新艺术运动的作品布鲁塞尔都灵路 12 号住宅室内设计，图 0-24 所示为维也纳学派瓦格纳设计的维也纳邮政储蓄营业厅，这些都体现了这一时期的建筑装饰特点。20 世纪初，表现主义、风格派等一些富有个性的艺术风格也对建筑装饰艺术的变革产生了激发作用。设计思想和创作活动的活跃，设计教育的发展，促使现代主义设计成为占主导地位的设计潮流。

图 0-23　布鲁塞尔都灵路 12 号住宅

图 0-24　维也纳邮政储蓄营业厅

现代主义设计思想的影响是广泛而深远的。以格罗皮乌斯、密斯・凡德罗、勒・柯布西耶、赖特为代表的一大批具有现代主义设计思想的建筑大师，在建筑和室内设计领域以及家具设计方面，做出了卓有成效的探索和创新。尽管他们的设计思想理论不尽相同，创作手法各异，但都创作了很多影响巨大的优秀建筑作品（图 0-25~ 图 0-28），形成了各自独特的设计风格，为现代设计的发展做出了卓越的贡献。20 世纪后期，现代设计不断发展创新，新的思想理论、新的风格流派不断涌现，建筑装饰明显表现出多元化发展态势。

图 0-25 流水别墅起居室（赖特）

图 0-26 朗香教堂内景（勒·柯布西耶）

图 0-27 约翰逊制蜡公司办公楼室内（赖特）

图 0-28 巴塞罗那德国馆室内（密斯·凡德罗）

0.3.2 建筑装饰设计的风格流派

建筑装饰设计的风格流派一般总是与建筑及家具的风格流派紧密联系，从现代建筑装饰设计所表现的艺术特点分析，也有多种风格流派，主要有新古典主义、新地方主义、高技派、光亮派、白色派、超现实主义、孟菲斯派等。

1. 新古典主义

新古典主义是在设计中运用传统美学法则，使用现代材料与结构进行室内空间设计，追求规整、端庄、典雅、高贵的空间效果，反映了现代人的怀旧情绪和传统情结（图 0-29、图 0-30）。新古典主义的设计特征表现为：

（1）讲求风格，但不仿古，而是追求神似。

（2）用现代材料和加工技术去表现简化了的传统历史样式。

（3）注重装饰效果，往往会去照搬古代设施、家具及陈设艺术品来增强历史文脉，烘托室内环境气氛。

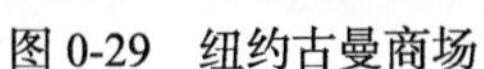

图 0-29　纽约古曼商场

图 0-30　夏宫中餐厅门厅

2. 新地方主义

新地方主义是一种强调地方特色或民俗风格的设计创作倾向，强调乡土味和民族化。新地方主义的设计特征表现为：

（1）没有严格的、一成不变的规则和确定的设计模式。设计时发挥的自由度较大，以反映某个地区的风格样式及艺术特色为要旨。

（2）尽量使用地方材料、做法，表现出因地制宜的设计特色。

（3）注意建筑、室内与当地风土环境的融合，从传统的建筑和民居中吸收营养，因此具有浓郁的乡土风味。

图 0-31　香山饭店中庭

（4）室内陈设品强调地方特色和民俗特色，而室内设备是现代化的。如图 0-31 所示的华裔建筑大师贝聿铭设计的香山饭店，室内具有中国江南园林和民居的典型特征，高雅、恬静，是新地方主义的代表作品。

3. 高技派

高技派又称重技派，突出工业化技术成就，崇尚“机械美”，强调运用新技术手段反映建筑和室内环境的工业化风格，创造出一种富有时代感和个性的美学效果（图 0-32）。高技派的设计特征表现为：

（1）内部构造外翻，暴露显示内部构造和管道线路，强调工业技术特征。

（2）表现过程和程序，如将电梯、自动扶梯的传送装置处都做透明处理，让人们看到建筑设备的机械运行状况和传送装置的程序。

（3）强调透明和半透明的空间效果，喜欢采用透明的玻璃、半透明的金属网、格子等来分隔空间，形成层层相叠的空间效果。

（4）不断探索各种新型高质材料和空间结构，着意表现建筑框架、构件的轻巧。常常使用高强度钢材、硬铝、塑料、各种化学制品作为建筑结构材料，建成体量轻、用材量少、能够快速灵活地装配、拆卸与改建的建筑结构。

（5）常常在室内局部或管道上涂饰红、绿、黄、蓝等鲜艳的原色，以丰富空间效果，增强室内的现代感。

（6）在设计方法上强调系统设计和参数设计。

图 0-32　香港汇丰银行中厅

4. 光亮派

光亮派又称银色派，在设计中追求丰富、夸张、富于戏剧性变化的室内气氛和光彩夺目、豪华绚丽、人动景移、交相辉映的效果（图 0-33）。光亮派的设计特征表现为：

图 0-33　东京新宿某大厦电梯厅

（1）夸耀新型材料及现代加工工艺的精密细致及光亮效果，往往在室内大量采用镜面及玻璃、不锈钢、磨光石材或光滑的复合材料等装饰面材。

（2）注重室内的光环境效果，惯用反射光以增加室内空间的灯光气氛，形成光彩照人、绚丽夺目的室内环境。

（3）使用色彩鲜艳的地毯和款式新颖、别致的家具及陈设艺术品。

5. 白色派

白色派在设计中大量运用白色，构成了白色派这种流派的基调。白色给人纯净的感觉，又增加了室内亮度，再配以装饰和纹样，可产生出明快的室内效果（图 0-34）。白色派的设计特征表现为：

（1）注重空间和光线的设计。

（2）墙面和天花一般均为白色材质，或在白色中隐约带一点色彩倾向，局部

图 0-34　白色派室内设计

使用其他色彩形成对比。

（3）显露材料的肌理效果以取得生动效果，如使用显露木材纹理的白色漆饰板材、具有不同编织纹样的装饰织物、自然凹凸的片石等，来避免白色平板的单调感。

（4）地面色彩不受白色限制。

（5）配置简洁、精美和色彩鲜艳的现代艺术品等陈设。

6. 超现实主义

超现实主义追求所谓超越现实的纯艺术效果，力求在建筑所限定的“有限空间”内运用不同的设计手法以扩大空间感觉，来创造所谓的“无限空间”。超现实主义的设计特征表现为：

（1）在设计中常采用奇形怪状的令人难以捉摸的室内空间形式。

（2）采用浓重、强烈的色彩。

（3）追求五光十色、变幻莫测的光影效果。

（4）配置造型奇特的家具与设施，有时还以现代绘画或雕塑来烘托超现实的室内环境气氛。

（5）在空间造型上运用流动的线条及抽象的图案。

其作品反映出由于刻意追求造型奇特而忽略了室内功能要求的设计倾向，以及为造型不惜工本，因此不能被多数人所接受，但其大胆猎奇的室内造型特征颇受人注目。

7. 孟菲斯派

1981 年，以索特萨斯为首的一批设计师在米兰结成了孟菲斯集团。他们反对单调冷峻的现代主义，提倡装饰，强调手工艺的制作方法，以现代艺术和传统民间艺术为参考，努力把设计变成大众文化的一部分。孟菲斯派的设计特征表现为：

（1）在室内设计上，空间布局不拘一格，具有任意性和展示性。

（2）常常对室内界面进行表面涂饰，具有舞台布景般的非恒久性特点。

（3）常用新型材料、明亮的色彩和富有新意的图案来改造一些传世的经典家具。

（4）在构图上运用波形曲线、曲面与直线、平面的组合来取得意外的空间效果。

孟菲斯派对设计界的影响是广泛的，对现代工业产品设计、视觉传递设计、商品包装、服装设计等方面均产生了很大的影响。

0.3.3 建筑装饰设计的发展趋势

随着社会的发展和科学技术的进步，建筑装饰设计表现出以下几个发展趋势：

（1）建筑装饰设计作为独立学科，其相对独立性日益增强，同时，其与多学科交叉、结合的趋势也日益明显。

（2）继续多元化发展道路。受当今社会意识形态、文化、生活方式的多元化发展的影响，建筑装饰设计更趋向于多层次、多风格的发展趋势。

（3）艺术与技术结合得更加紧密，设计、施工、材料、设施、设备之间的协调和配套关系加强，且愈趋规范化。

（4）动态发展趋势。为适应现代社会生活，建筑装饰工程往往需要周期性更新，且更新周期较短，甚至改变建筑的使用性质。因此未来装饰工程中，将对在设计、构造、施工方面优先采用标准化构件、拆装方便的构造做法和装配式施工、干作业施工等提出更多、更高的要求。

（5）可持续发展趋势。保护人类共同的家园、走可持续发展的道路是当今世界共同的主题。建筑装饰设计应优先采用绿色环保的装饰材料，改善物理环境，降低能耗，为减少污染、节约能源做出贡献。

第1章　建筑装饰设计概论　CHAPTER 1

学习目标：通过本章的学习，了解建筑装饰设计的内容，掌握建筑装饰设计的基本要素和设计方法，掌握建筑装饰设计的基本原则和设计依据，了解建筑装饰设计的一般程序。

1.1　建筑装饰设计的内容和设计要素

1.1.1　建筑装饰设计的内容

建筑装饰设计既是一门实用艺术，又是一门综合性学科，集工程技术与艺术于一体且交融渗透，内容丰富，涉及面广。而且建筑装饰设计的内容还将随着社会科技的发展进步和人们生活质量以及心理需求的提高而不断更新发展。

现代建筑装饰设计包括的主要内容有以下几点。

1. 平面功能分区和空间组织设计

即在设计过程中，根据人们对建筑使用功能的要求，进行平面功能的分析、布置和调整，进一步组织、调整、完善使用功能空间，使功能更趋合理，使用方便，空间利用率提高。

2. 空间物理环境设计

即在设计过程中，对空间环境的采光、通风、声、热等方面进行设计处理，并充分协调室内环控、水、电、音响等设备的安装，使其布局合理，且改善通风采光条件，提高保温、隔热、隔声能力，降低噪声，控制室内环境温度、湿度，改善室内外小气候。

3. 界面装饰和空间氛围的创造

即在设计过程中，对地面、墙面、入口、橱窗、室内顶棚等界面进行造型装饰设计，选择恰当的装饰材料和构造做法，并充分利用材料色彩和肌理的变化，结合声学和光影效果及家具陈设、绿化小品等，创造出适宜的环境气氛。

4. 空间内含物设计

即在设计过程中，对家具、灯具、陈设品以及绿化、小品等方面进行设计处理。家具、陈设及绿化等不仅具有特定的使用功能，还能柔化空间环境，烘托空间气氛，调节人的心理情绪，陶冶情操等。

1.1.2　建筑装饰设计要素

建筑装饰设计的目的就是要创造能最大程度地满足人们物质生活和精神生活需要的建筑空间环境。通过空间、光影、色彩、家具陈设、绿化、界面装饰等设计要素的综合运用和灵活变化，不仅可以创造出功能合理舒适的建筑空间，而且还能创造出不同的环境艺术效果。

建筑装饰设计要素主要有空间、光影、色彩、陈设、界面等，它们既相对独立，又互相联系。

1. 空间要素

空间是建筑装饰设计的主导要素。早在2000多年前，中国古代思想家老子就形象生动地论述了“有”与“无”的辩证关系，“埏埴以为器，当其无，有器之用；凿户牖以为室，当其无，有室之用。故有之以为利，无之以为用。”从而反映出空间的围合、利用是建筑装饰的核心问题。现代主义建筑装饰出现后，更进一步明确了空间是建筑装饰的主体。

图1-1 某中庭空间

空间组织设计是充分运用点、线、面、体等空间基本构成要素，来构筑和限定空间，对室内外空间环境进行组织、调整和再创造。空间组织设计应对原建筑物的总体布局、功能分析，人流组织以及结构体系等进行充分了解。尤其是各类建筑的改建，空间组织设计可以发展或改变建筑的功能，使之更合理，更实用，更具人文关怀，如图1-1所示。

2. 光影要素

光是人们通过视觉感知外界的前提条件，“正是由于有了光，才使人眼能够分清不同的建筑形体和细部”。因此，光照是日常工作、生活环境中必不可少的条件；而且，光照所带来的丰富的光影、光色、亮度及灯具的变化，能有效地烘托环境气氛，成为现代建筑装饰设计中的一个重要因素。

光照包括天然采光和人工照明两部分，人工照明是对天然采光的有效补充。

3. 色彩要素

色彩是在装饰设计中最为生动、最为活跃的因素，它最具视觉冲击力，更能引起人们的视觉反应。人们通过视觉感受而产生生理、心理和物理方面的效应，进一步形成丰富的联想、深刻的寓意和象征。色彩存在的基本条件有光源、物体、人的眼睛及视觉系统。有了光才有色彩，光和色是密不可分的；而且色彩还必须依附于界面、家具、陈设、绿化等物体。

色彩要素的运用需要根据建筑空间的使用性质、功能要求、业主喜好等，确定主色调，选择适当的色彩配置。

4. 陈设要素

陈设的范围广泛，内容丰富，大体可分为功能性陈设（家具、灯具、电器等）和装饰性陈设（玩具、艺术品、工艺品等）两大类。在建筑空间中，陈设品用量大，与人的活动息息相关，甚至经常“亲密”接触，常处于空间的重要位置上，且造型多变、风格突出、装饰性极强，因此更易引起视觉关注，在烘托环境气氛、形成设计风格等方面起到举足轻重的作用，如图 1-2 所示。

绿化是一种特殊的陈设。绿化不仅可以改善室内小气候，而且可以使空间环境充满自然气息，起到柔化空间的作用，令人赏心悦目，放松身心，调节心理平衡。

5. 界面要素

空间要依靠界面来构筑和限定。地面、墙面、顶棚等界面不仅表明了空间的形态、容量、尺度、比例及相互关系，还直接关系到使用效果、环境气氛和经济效益等重要问题，尤其是饰面材料的选用，除满足使用功能的要求外，其色彩与质地对环境气氛的形成具有至关重要的作用。

图 1-2 室内陈设

1.2 建筑装饰设计原则和设计依据

1.2.1 建筑装饰设计原则

随着人们生活水平的提高和科学科技的进步，人们对建筑空间环境提出了更高的要求，现代建筑装饰设计必须依据环境、需求的变化而不断发展。在设计过程中，影响设计的因素很多，如人的因素、地域的因素、技术的因素、建筑与环境的关系因素、经济的因素等。设计师应综合考虑以下几个基本设计原则。

1. 以人为本的实用性原则

建筑装饰设计的过程是复杂的，但创造能满足人们物质生活和精神生活需要的建筑空间环境是其明确的目标，因此在设计过程中，应以满足人和人的活动需要为核心，树立起以人为本，尊重人、服务人的中心思想。

在以人为本的前提下，要综合解决使用功能合理、安全便捷、舒适美观、工作高效、经济实用等一系列问题，要具有使用合理的室内空间组织和平面布局，提供符合使用要求的室内声、光、热效应，以满足室内环境物质功能的需要。符合安全疏散、防火、卫生等设计规范，遵守与设计任务相适应的有关定额标准。同时应具有造型优美的空间构成和界面处理，宜人的光、色和材质配置，符合建筑物性能的环境气氛，以满足室内环境精神功能的需要。而且还应采用合理的装修构造和技术措施，选择合适的装饰材料和设施设备，使其具有良好的经济效益。

2. 整体性与多样性原则

随着生活水平的提高，现代人们在进行社会交往时，追求多姿多彩的生活，注重个性的张扬与表现，对生活空间环境也提出了多样性和个性化的要求。因此，设计师应具有创新意识，努力打造风格独特、新颖别致、丰富多变的室内外空间环境。

同时，在设计中，不应仅局限于视觉环境的创造，还应综合考虑声、光、热等物理环境、空气质量环境、心理环境等。因为建筑环境是由建筑空间组织、视觉环境、物理环境、空气质量环境、心理环境等各方面共同构筑的，是一个有机的整体，只有从环境的整体性出发，才能真正创造出美观舒适的建筑环境。

任何建筑空间环境都是街道环境、社区环境、城市环境、自然环境的有机组成部分。这一系列环境是系统的，是相互影响、相互制约的，因此在设计中，应把建筑室内外空间环境作为链中一环，统筹考虑室内与室外、单体与群体、街道与城市的相互关系，树立整体意识。

3. 时代感与历史文脉并重的原则

纵观建筑历史，建筑的发展总是反映出当代社会的物质生活和精神生活的特征。现代建筑装饰设计更应该体现时代精神，在设计中应根据现代人的行为模式、审美情趣和价值观念，积极运用新型装饰材料、结构技术、施工工艺、设备等现代科学技术手段，创造出满足现代人工作、学习、生活需要的建筑环境。

同时，历史是延续的，尊重历史也是十分重要的。在设计中，灵活运用一些设计处理手法来表现民族特性、地方特色，延续和发展历史文化，也是十分必要的。

4. 动态发展原则

现代社会瞬息万变。随着当今科学技术的日新月异、社会生活节奏的加快、人们生活方式的变化，建筑的功能趋于复杂和多变，建筑装饰材料、施工工艺、设施设备甚至门窗等构配件更新换代的速度也越来越快，而且社会流行趋势和时尚风格也促使人们的审美情趣不断变化，继而影响对建筑装饰风格和环境气氛的要求，从而促使建筑装饰的更新周期日益缩短。因此在设计中，必须考虑随着时间的推移，使用功能、装饰材料、设施设备等改变的可能性，应在空间组织、平面布局、构造做法、设备安装等方面留有更新改造的余地，应把设计的功能要求、依据因素、审美要求等放在一个动态发展的过程中去认识和对待。

1.2.2 建筑装饰设计依据

建筑装饰设计作为一门综合性的独立学科，其设计方法已不再局限于经验的、感性的、纯艺术范畴的阶段，随着现代科学技术的发展，随着人体工程学、环境心理学等学科的建立与研究，建筑装饰设计已确立起科学的设计方法和依据，主要有以下各项依据。

1. 人体尺度及人体活动空间范围

建筑装饰设计的目的是为人服务，满足人和人的活动需要是设计的核心，因此人体的基本尺度和人体活动空间范围成为建筑装饰设计的主要依据之一，如室内门洞宽度高度、通道宽度、室内最小净高尺寸、家具的尺寸等都是以人体尺度为基本依据确定的。同时，还要充分考虑到在不同性质的空间环境中，人们的心理感受不同，对个人领域、人际距离等的要求也不相同，因此，还要考虑满足人们心理感受需求的最佳空间范围。

2. 家具设备尺寸及其使用空间范围

建筑空间内，除了人的活动外，占据空间的主要是家具、设备、陈设等内含物。对于家具、设备，除其本身的尺寸外，还应考虑安装、使用这些家具设备时所需的空间范围。这样才能发挥家具、设备的使用功能，而且使人用着方便、用得舒适，进而提高工作效率。

3. 建筑结构、构造形式及设备条件

建筑装饰设计是对已建成的建筑空间进行二次创造，因此建筑的结构体系、构造形式和设备条件等必然要成为建筑装饰设计的重要依据。如房屋的结构形式、柱网尺寸、楼面的板厚梁高、水电暖通等管线的设置情况等，都是装饰设计时必须了解和考虑的。其中有些内容，如水、电管线的敷设，在与有关工种的协调下可做适当调整；而有些内容则是不能更改的，如房屋的结构形式、梁的位置与高度、电梯、楼梯位置等在设计中只能适应它。当然，建筑物的建筑总体布局和建筑设计总体构思也是装饰设计时需要考虑的设计依据。

4. 现行设计标准、规范等

现行的国家、行业及地方的相关设计标准、设计规范等也是建筑装饰设计的重要依据之一，如《商店建筑设计规范》《建筑内部装修设计防火规范》等。

5. 已确定的投资限额和建设标准，以及设计任务要求的工程施工期限

由于建筑装饰材料、施工工艺、灯具等设备千差万别，因此，同一建筑空间，不同的设计方案，其工程造价可以相差几倍甚至十几倍。例如，一般旅馆大堂的室内装修费用单方造价 1000 元左右足够，而五星级旅馆大堂的单方造价可以高达 8000~10000 元。因此，投资限额与建设标准是建筑装饰设计重要的依据因素。同时，工程施工工期的限制，也会影响设计中对界面设计处理方法、装饰材料和施工工艺的选择。

1.3 人体工程学与建筑装饰设计

1.3.1 概述

人体工程学是一门研究人与机器及环境的关系的技术学科。研究内容主要有生理学、心理学、环境心理学、人体测量学等方面。由于研究方向的不同，又称为人类功效学、人类工程学、工程心理学、功量学、工力学等。

人体工程学的应用十分广泛，可以说只要人迹所至，就存在人体工程学的应用问题。早在人类之初，原始人用石器、木棒、弓箭等狩猎，就已经存在人和工具的关系问题，只不过是一种无意识的、潜在的应用。真正促使人体工程学发展成一门独立学科是在第二次世界大战期间，在军事科技上开始研究和运用人体工程学的原理和方法。战后，各国迅速把人体工程学的研究成果运用到空间技术、工业生产、建筑设计等领域。

从建筑装饰设计的角度来说，人体工程学是依据以人为本的原则，运用人体测量、生理、心理计测等方法，研究人的体能结构、心理、力学等方面与空间环境之间的合理协调关系，以适应人的身心活动要求，获得安全、健康、舒适、高效能的工作生活环境。

1.3.2 人体尺度与空间环境

一般来说，人的身体健康、舒适程度、工作效能在很大程度上与人体和设施、环境之间的配合有关，其主要影响因素就是人体尺寸、人体的活动范围以及家具设备尺寸。因此，人体尺寸和人体活动空间是确定室内空间尺度的重要依据之一。

1. 人体尺寸

人体尺寸包括构造尺寸和功能尺寸两大类。构造尺寸是指静态的人体尺寸，是人体处于固定的标准状态下测量的。人体基本构造尺寸如图 1-3 所示。功能尺寸是指动态的人体尺寸，是人在进行某种功能活动时肢体所能达到的空间范围，是在运动的状态下测得的。功能尺寸比较复杂。

人体尺寸在个人之间和群体之间存在很多差异，影响人体尺寸的因素主要有种族、地区、年龄、性别、职业、环境等。我国不同地区人体各部分平均尺寸见表 1-1。

表 1-1　我国不同地区人体各部分平均尺寸　　（单位：mm）

编　号	部　位	较高人体地区（冀、鲁、辽）		中等人体地区（长江三角洲）		较低人体地区（四川）	
		男	女	男	女	男	女
1	人体高度	1690	1580	1670	1560	1630	1530
2	肩宽度	420	387	415	397	414	385
3	肩峰至头顶高度	293	285	291	282	285	269
4	正立时眼的高度	1513	1474	1547	1443	1512	1420
5	正坐时眼的高度	1203	1140	1181	1110	1144	1078
6	胸廓前后径	200	200	201	203	205	220
7	上臂长度	308	291	310	293	307	289
8	前臂长度	238	220	238	220	245	220
9	手长度	196	184	192	178	190	178
10	肩峰高度	1397	1295	1379	1278	1345	1261
11	1/2 肢展开全长	869	795	843	787	848	791
12	上身高长	600	561	586	546	565	524
13	臀部宽度	307	307	309	319	311	320
14	肚脐高度	992	948	983	925	980	920
15	指尖到地面高度	633	612	616	590	606	575
16	上腿长度	415	395	409	379	403	378
17	下腿长度	397	373	392	369	391	365
18	脚高度	68	63	68	67	67	65
19	坐高	893	846	877	825	350	793
20	腓骨高度	414	390	407	328	402	382
21	大腿水平长度	450	435	445	425	443	422
22	肘下尺寸	243	240	239	230	220	216

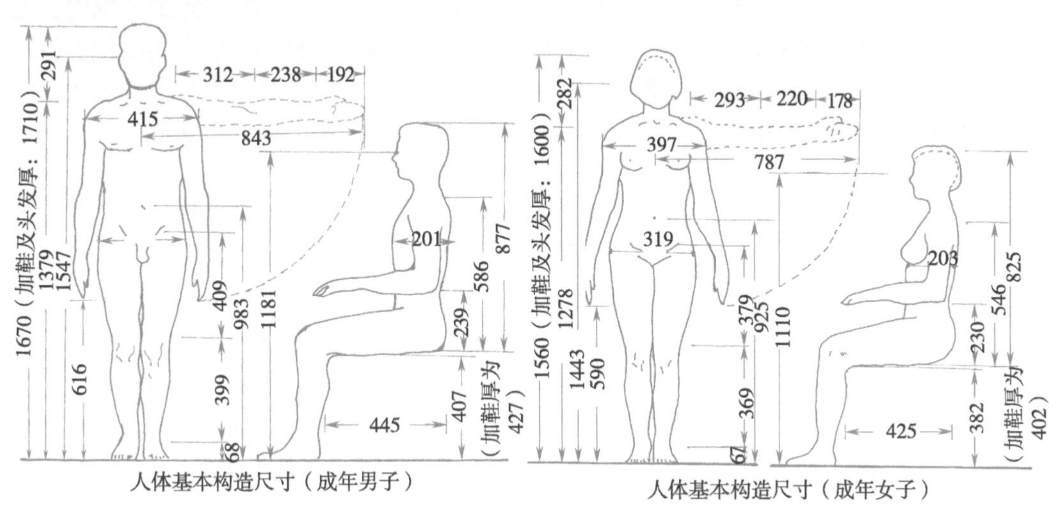

图 1-3　人体基本构造尺寸

2. 常用人体尺寸

在装饰设计中，使用最多的人体构造尺寸有身高、体重、坐高、臀部至膝盖长度、臀部的宽度、膝盖高度、膝弯高度、大腿厚度、臀部至膝腘部长度、肘间宽度等，如图 1-4 所示。

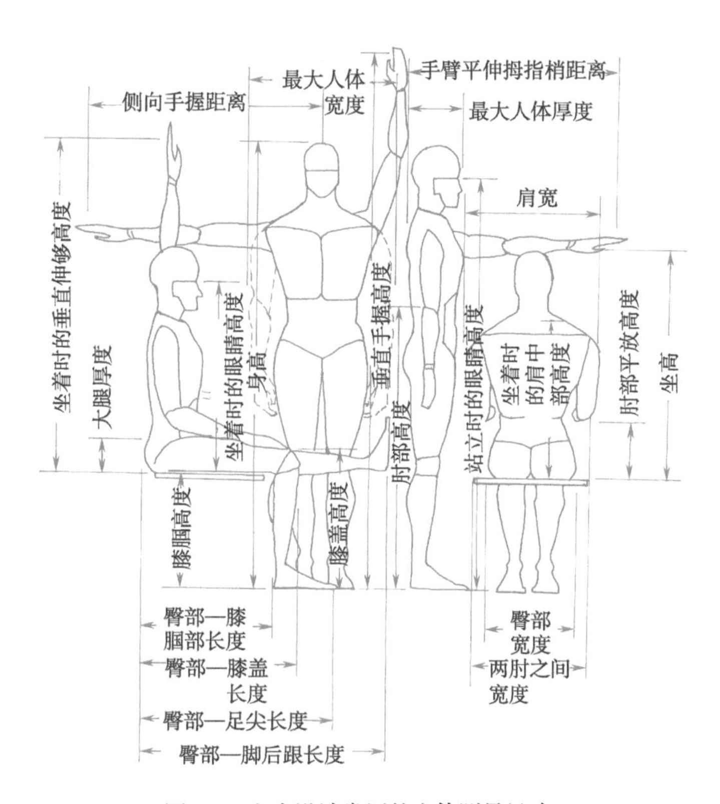

图 1-4　室内设计常用的人体测量尺寸

3. 百分位的应用

由于人体尺寸有很大的变化，它不是某一确定的值，而是分布在一定的范围内，通常人体测量数据是按百分位表达的，即把某一人体尺寸项目如身高、肩宽的测量数值从小到大顺序排列，然后分成一百等份，每一个截止点即为一个百分位。统计学表明，任意一组特定对象的人体尺寸分布均符合正态分布规律，即大部分属于中间值，只有小部分属于过小或过大的值。

选择测量数据时，要注意根据设计内容和性质来选择合适的百分数据，可参考以下原则：

（1）够得着的距离，一般选用第 5 百分位的尺寸，如设计吊柜高度等。

（2）容得下的间距，一般选用第 95 百分位的尺寸，如设计通行间距等。

（3）最佳范围，一般选用第 50 百分位的尺寸，如门铃、电灯开关、门把手等。

（4）可调节尺寸，如升降椅或可调节隔板等，调节幅度一般以尽可能极端的百分数的值为依据，如第 1 百分位，第 99 百分位。

4. 人体动作域和活动空间

人们工作时由于姿态不同，其动作域也不同。人经常采取的姿态归纳起来有四种：站、坐、跪、卧。常见各种姿态的作业域如图 1-5 所示。

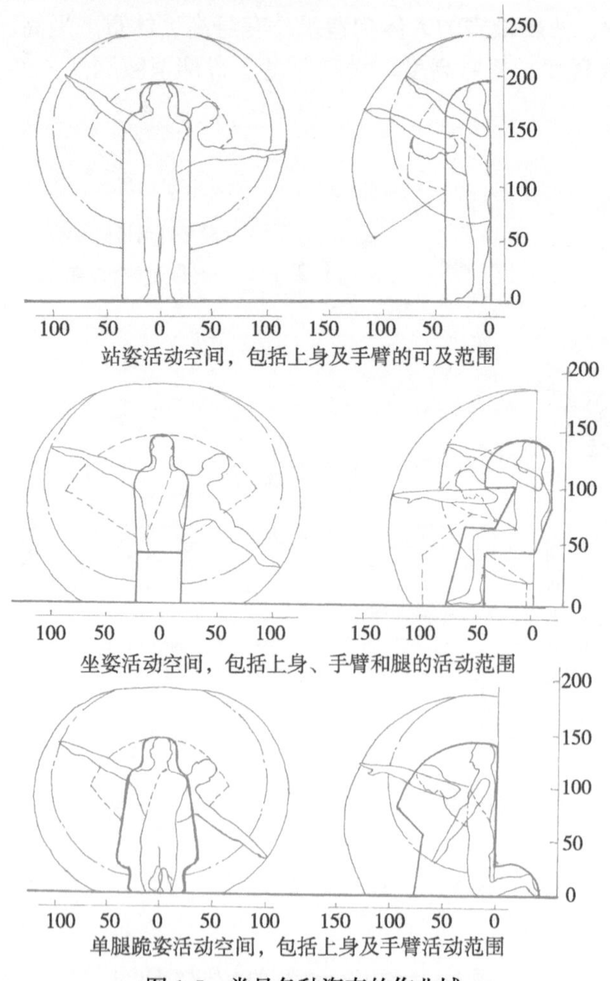

图 1-5 常见各种姿态的作业域

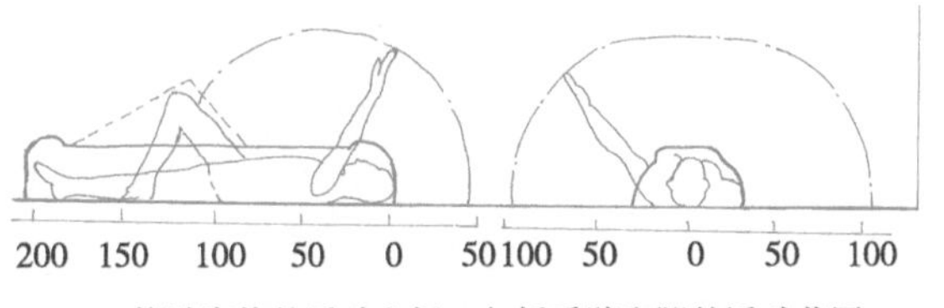

仰卧姿势的活动空间，包括手臂和腿的活动范围

图 1-5　常见各种姿态的作业域（续）

但人在日常生活中并不是静止的，总是会不断变换姿态，并随活动的需要移动位置。这种姿态的变换和人体移动所占用的空间构成了人体活动空间。人体的活动大体上可分为手足活动、姿态的变换和人体的移动，以及与活动相关的物体。人体在站、坐、跪、卧每一种姿态下手足活动时所占用的空间尺寸如图 1-6 所示。姿态的变换所占用的空间可能大于变换前的姿态和变换后的姿态占用空间的重叠，如图 1-7 所示。人体移动占用的空间不仅包括人体本身所占空间，还应考虑连续运动过程中肢体摆动或身体回旋余地所需的空间，如图 1-8 所示。在活动中，人体还会与用具、家具、设备、建筑构件等发生联系，人与物占用的空间要视其活动方式及相互的影响方式决定，如人在使用家具时会产生额外的空间需求，或因使用方式的原因会需要一定的使用空间，如视听音响设备等，如图 1-9、图 1-10 所示。

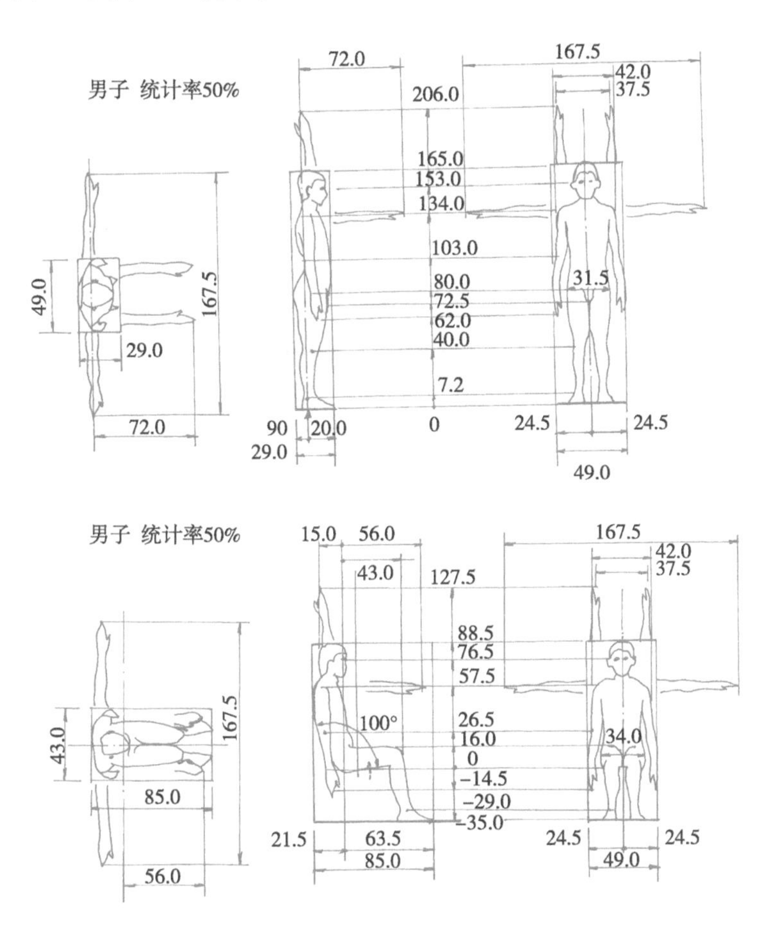

图 1-6　不同姿态下人体所占空间尺寸

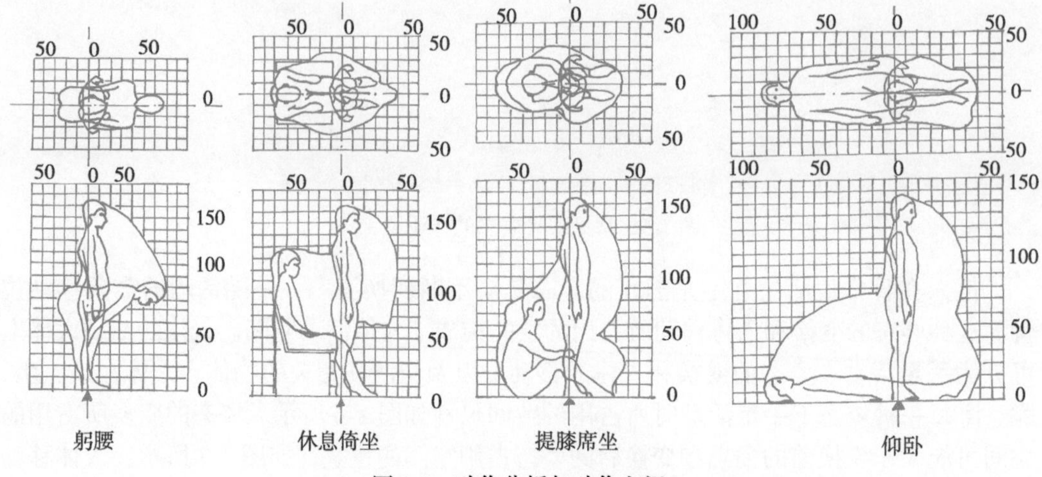

图 1-7　动作分析与动作空间

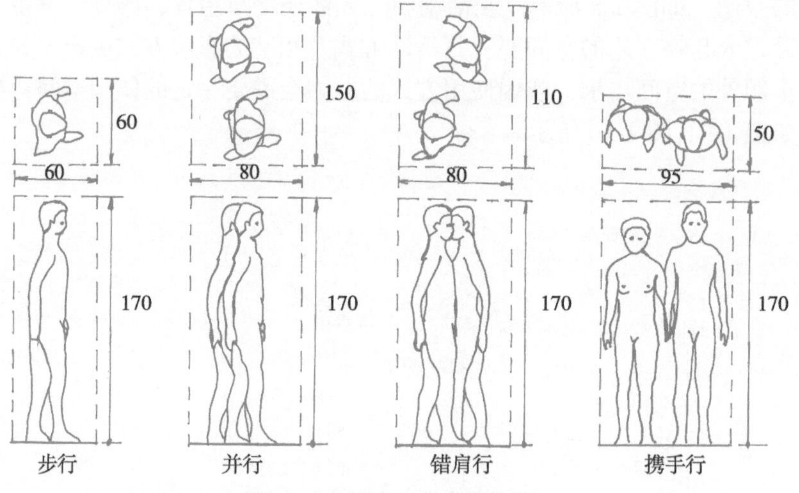

图 1-8　人体移动占用的空间

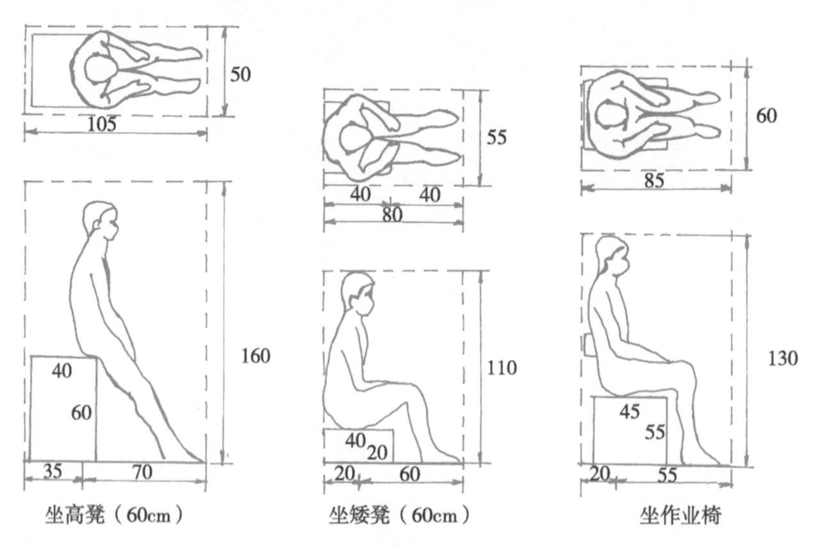

图 1-9　人与物占用的空间

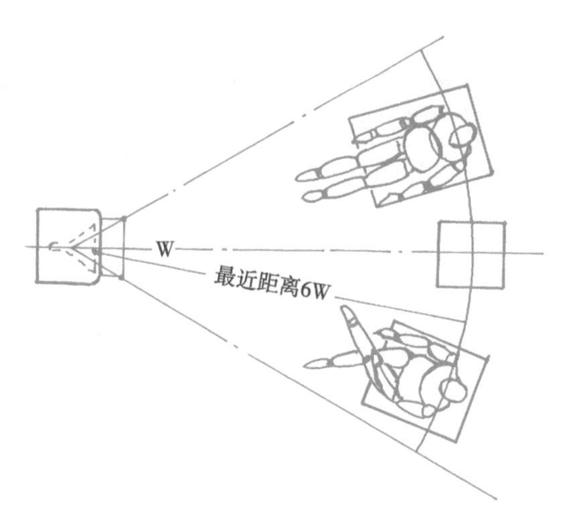

图 1-10　欣赏电视的适度空间

1.3.3　人的知觉、感觉与空间环境

知觉和感觉是指人对外界环境的一切刺激信息的接受和反应能力，它是人的生理活动的一个重要方面，了解知觉和感觉，不但有助于了解人的心理感受，而且能了解在环境中人的知觉和感觉器官的适应能力，为环境设计提供适应于人的科学依据。

知觉和感觉与环境是相对应的，视觉对应光环境、听觉对应声学环境、触觉对应温度和湿度环境。人通过眼、耳、舌、鼻、身等感觉器官接受外界刺激，产生相应的视觉、听觉、味觉、嗅觉和触觉。

人的视觉具有一定的视力和视野范围，能感觉到光的光强度，具有良好的色彩分辨能力、调节能力和适应能力，会产生眩光、影像残留、闪烁和视错觉。这些对室内视觉展示设计和光环境设计具有重要意义。

听觉有两个基本的机能，一是传递声音信息，二是引起警觉。听觉环境的问题主要有两类，一方面是听得更清晰，效果更好，如音响、音质效果等；另一方面是噪声控制。噪声是干扰声音，会造成警觉干扰、睡眠干扰、心率加快、血压升高、引起厌烦情绪等，影响人的身心健康。因此要做好室内环境的吸声降噪工作，而且有研究表明，恰当的背景音乐有助于提高工作效率。

人的触觉包括温度感、压感、痛感等。人体通过触觉接受外界冷热、干湿等信息，会产生相应的生理调节来适应环境。通过对触觉问题的研究，以确定最佳的温度、湿度条件，指导空间环境的供暖、送冷等问题，并为空间界面、家具、陈设的材料质地的选择设定相关依据。

1.3.4　人的心理、行为与空间环境

以往，不少建筑师以为建筑将决定人的行为，而很少考虑到底什么样的环境适合于人类的生存与活动。随着人体工程学等新兴学科研究的深入，人们逐步明确了人与环境之间“以人为本”的原则，并尝试从心理学和行为的角度，探讨人与环境的相互关系，探寻最符合人们心愿的环境，即环境心理学。环境心理学是一门研究环境与人的行为之间相互关系的新兴学科，它也属于人体工程学的研究范畴。

人的每一个具体的行为均包含了心理和行为两方面，人的行为是心理活动的外在表现，心理活动的内容来源于客观存在的空间环境，人的心理和行为与空间环境是密切联系、相互作用的。人在空间环境中，其心理与行为尽管有个体之间的差异，但从总体上分析仍然具有共性，仍然具有以相同或类似的方式做出反应的特点，这也正是我们进行设计的基础。

1. 人的心理特征

（1）个人空间与领域性。每个人都有自己的个人空间，它是围绕个人存在的有限空间。它具有看不见的边界，可以随着人移动，并具有相对稳定性，同时又可以根据环境变化灵活伸缩；它在人际交往时才表现出它的存在，人与人的密切程度就反映在个人空间的交叉与排斥上。

领域性原指动物在自然环境中为生存繁衍，各自保持自己一定的生活领域的行为方式。人的领域性来自于人的动物本能，但已不具有生存竞争意义，更多是心理上的影响。领域性表现为人对实际环境中的某一部分产生“领土感”，不希望被外来人或物侵入和打破。它不随人的活动而移动，如办公室内自己的位子。

（2）人际距离。在人际关系中，个人空间是一种个人的、可活动的领域，而人际距离则表明了当事人之间的关系情况。人与人的距离大小会根据接触对象的不同、所在场合的不同而各有差异。当然，对于不同民族、宗教信仰、性别、职业和文化程度等，人际距离也会有所不同。豪尔（E · Hall）根据人际关系的密切程度、行为特征，把人际距离分为八个等级，参见表 1-2。

表 1-2　人际距离和行为特征

密切距离	近程	0~15cm	拥抱、保护和其他全面亲密接触行为
	远程	15~45cm	关系密切的人之间的距离，如耳语等
个体距离	近程	45~75cm	互相熟悉、关系好的个人、朋友之间的交往距离
	远程	75~120cm	一般朋友和熟人之间的交往距离
社交距离	近程	120~200cm	不相识的人之间的交往距离
	远程	200~350cm	商务活动、礼仪活动场合的交往距离
公众距离	近程	350~700cm	公众场合讲演者与听众、课堂上教师与学生之间的距离
	远程	＞ 700cm	有脱离个人空间的倾向，多为国家、组织间的交往距离

（3）幽闭恐惧。在日常生活中，当人处于一个与外界断绝直接联系的封闭空间时，人会莫名的紧张、恐惧，总有一种危机感，如在封闭的电梯内，这时人渴望有某种与外界联系的途径，所以在电梯内安装上电话。因此，窗户不仅解决了房间的采光问题，也是室内与外界保持联系的重要途径。

2. 人的行为习性

人的行为与客观环境是相互作用、相互影响的。人的环境行为是通过人对环境的感觉、认知，引起相应的心理活动，从而产生各种行为表现。同时，人的环境行为也受人类自身生理或心理需要的作用。各种作用的结果使人不断地适应环境、改造环境、创造新环境。人在与环境相互作用的过程中逐步形成的某种惯性即人的行为习性。

（1）左转弯和左侧通行。在没有交通规则限制的公共场所，人们常常会沿道路左侧通行，而且左转弯。这对空间的布局和流线组织具有指导意义，如商场柜台的布置形式、顾客流线的组织与引导、楼梯、电梯位置安排等。

（2）抄近路。当人在有目的地移动时或清楚知道目的地位置时，总会选择最短的路线。

（3）识途性。识途性是人类的一种本能，当不熟悉路径时，人们总会边摸索边到达目的地，返回时则常常循来路返回。

（4）从众与趋光心理。人有“随大流”的习性，即从众心理。尤其在紧急状况时，人们往往会更为直觉地跟着领头的几个人跑动，以致成为整个人群的流向。同时，还具有从暗处往较明亮处流动的趋向。

1.3.5 人体工程学在建筑装饰设计中的应用

（1）为确定人和人际活动所需空间提供依据。根据人体工程学的有关计测数据，从人体尺度、人体动作域和活动空间、心理空间、人际交往空间等方面研究，来确定人在各种活动中所需空间。

（2）为家具、设施的设计及其使用所需空间提供依据。一切家具、设施都是为人服务的，它们的形体尺度必须以方便人的使用为原则，因此家具、设施的设计应以人体尺度为基本设计依据，同时要科学地确定出人在使用家具、设施时所需的最小空间，尤其在空间狭小或人长时间停留时，这方面的要求就越突出。

（3）为创造适应人体的室内物理环境提供科学的设计依据。室内物理环境设计，如热环境、声环境、光环境等，是室内设计的重要内容。依据人体工程学的有关计测数据，如人的视力、视野、光感、色觉、听力、温度感、压感、痛感等，就可以为室内物理环境设计提供科学的设计参数，以创造适应人体生理及心理特点的室内环境。

（4）为创造符合人们行为模式和心理特征的室内环境设计提供重要的参考依据。通过对人的心理特征和行为习性的研究，对室内空间组织、人流组织、安全疏散、家具设施布置等方面具有重要启示作用。如商店往往采用开敞式的入口和橱窗设计，以便吸引顾客。

1.4 建筑装饰设计方法和设计程序

1.4.1 建筑装饰设计的一般方法

建筑装饰设计是一个复杂的过程，包含的内容广、涉及的因素多、设计条件和设计要求也千差万别，因此不可能有一种程式化的方法。但在设计时可遵循装饰设计的基本原则，并注意以下几个问题。

1. 重在立意

立意即设计的总体构思，一项设计没有立意就等于没有“灵魂”，设计的难度也往往在于要有一个好的立意。因此在具体设计时，首先要确立一个总体构思，最好是构思比较成熟后再动笔，时间紧迫时，也可以边动笔边构思；但随着设计的深入，应使立意逐步明确，不能随便否定初立意。

2. 细部着手、认真推敲

随着设计的展开，很多细部问题会凸显出来，如平面功能分区、流线组织、界面造型、家具陈设的选配等。装饰设计就是要从这些细部问题入手，并在解决这些细部问题的过程中逐步深入。细部问题需要根据空间使用性质、人体工程学、相关设计规范和总体立意等反复推敲。

3. 树立整体观念

在建筑装饰设计中，要树立起整体观念，注意处理好局部与整体的关系。对局部问题要深入研究，反复推敲，同时要服从于整体设计，以确保整个设计既变化丰富，又协调统一。

1.4.2 建筑装饰设计的一般程序

作为建筑装饰设计人员，必须了解设计的基本程序，做好设计进程中各阶段的工作，充分重视设计、材料、设备、施工等因素，运用现有的物质技术条件，将设计立意转化为现实，才能取得理想的设计效果。

根据建筑装饰设计的进程，通常可以分为三个阶段，即设计准备阶段、方案设计阶段、施工图设计阶段。

1. 设计准备阶段

设计准备阶段主要是接受委托任务书，签订合同，或根据标书要求参加投标；明确设计期限并制订设计计划。

明确、分析设计任务，包括物质要求和精神要求，如设计任务的使用性质、功能特点、设计规模、等级标准、总造价和所需创造的环境氛围、艺术风格等。

收集必要的资料和信息。如熟悉相关的设计规范、定额标准；到现场调查踏勘；参观同类型建筑装饰工程实例等。

2. 方案设计阶段

方案设计阶段是在设计准备阶段的基础上，进一步收集、分析、运用与设计任务有关的资料与信息，进行设计立意，方案构思，通过多方案比较和优化选择，确定一个初步设计方案，通过方案的调整和深入，完成初步设计方案，提供设计文件。

初步方案设计的文件通常包括：

（1）平面图（包括家具布置），常用比例为1∶50，1∶100。

（2）立面图和剖面图，常用比例为1∶20，1∶50。

（3）顶棚镜像平面图或仰视图，常用比例为1∶50，1∶100。

（4）效果图（彩色效果，表现手法不限、比例不限）。

（5）室内装饰材料样板。

（6）设计说明和造价概算。

初步设计方案需经审定后，方可进行施工图设计。

3. 施工图设计阶段

施工图是设计意图最直接的表达，是指导工程施工的必要依据，是编制施工组织计划及预算、订购材料设备，进行工程验收及竣工核算的依据。因此，施工图设计就是进一步修改、完善初步设计，与水、电、暖、通等专业协调，并深化设计图样，要求注明尺寸、标高、材料、做法等，还应补充构造节点详图、细部大样图以及水、电、暖、通等设备管线图，并编制施工说明和造价预算。

另外，在工程的施工阶段，施工前设计人员应向施工单位进行设计意图说明及图样的技术交底；工程施工期间需按图样要求核对施工实况，有时还需根据现场实况提出对图样的局部修改或补充；施工结束时，应会同质检部门和建设单位进行工程验收。工程投入使用后，还应进行回访，了解使用情况和用户意见。

实训练习1 幼儿园活动室设计

实训目的：通过实训练习，进一步理解人体工程学在建筑装饰设计中的应用，以促进人体工程学相关知识的学习和研究，并自觉运用于建筑装饰设计中。

实训项目：幼儿园活动室设计

幼儿园是幼儿离开父母，开始集体生活的重要场所，是幼儿成长过程中至关重要的一个环节。活动室是幼儿的主要室内活动空间，一般包括学习、游戏、表演、用餐等内容。活动室的环境对幼儿的成长发育、身心健康具有较大影响。

实训内容：

（1）参观幼儿园，调研4~6岁幼儿的身体发育情况、行为能力和心理特点，了解幼儿园日常教学、游戏、生活情况。

（2）由教师提供一套幼儿园的建筑平、立、剖面图（或对某幼儿园进行现场考察、测量），要求学生对幼儿园活动室进行平面布局和家具、陈设的配置。

实训要求：

（1）要求读懂建筑平、立、剖面图，正确理解建筑师的设计意图。

（2）深入分析幼儿园活动室的使用要求，室内布局要求如何符合幼儿园的教学特点和游戏需要。

（3）树立以幼儿为中心的观念，室内布局和家具、设施、陈设的选择、布置都应充分考虑幼儿的人体尺度、行为能力和心理特点，确保幼儿在室内进行各项活动时的安全、舒适、便利、愉快。

（4）可结合家具布置，适当考虑活动室墙、地、顶各界面的造型、材质、色彩设计，以便营造符合幼儿心理特点和审美情趣的室内环境。

（5）要求绘制出幼儿园活动室的初步设计方案（主要表现平面布局和家具、陈设的配置）。图样包括：

1）绘制活动室平面图（1∶50）。

2）绘制活动室立面展开图（1∶50）。

3）绘制主要家具大样图，包括平、立、剖面图（1∶20~1∶50）。

4）绘制活动室效果图一张，家具或局部小效果图两张，表现手法自定，比例自定。

5）设计说明。

第 2 章　室内空间组织 | CHAPTER 2

学习目标：通过本章的学习，了解室内空间的概念，了解室内空间的类型及特点，掌握空间构图的形式美法则，掌握空间分隔和空间序列的设计方法，能够完成一般建筑室内空间组织设计。

2.1　室内空间的概念

建筑活动的主要目的和基本内容是创造一个适合人类生存的空间，建筑以空间为主要物质形式。建筑空间可分为室内空间和室外空间。典型的室内空间是由顶盖、墙体、地面（楼面）等界面围合而成的。但在特定条件下，室内外空间的界限似乎又不那样泾渭分明，一般将有无顶盖作为区别室内外空间的主要标志，如徒具四壁而无屋顶的只能被称为院子、天井；而有屋顶没有实墙的，如四面敞开的亭子、透空的廊子等，则具备了室内空间的基本要求，属于开敞性室内空间，如图 2-1 所示。

室内空间就是人们为了某种目的而采用一定的物质技术手段从自然空间中围隔出来的。它与人的关系极为密切，人类的日常生活和生产活动总是需要一个与之相适应的室内空间，人对空间的需要是一个从低级到高级，从满足生产生活上的物质要求到满足心理上的精神要求的发展过程。

室内空间不是孤立存在的，空间环境是由诸多因素共同构成的，如界面的造型、材质、色彩、光环境、家具、陈设、绿化等，都对室内空间环境有很大的影响。例如，同一室内空间，采用暖色调会有温馨、热情之感，采用冷色调则显得安宁、沉静，并有扩大空间的效果。大面积的落地玻璃窗，则可使室内空间开敞、通透，加强室内外空间的渗透和联系，如图 2-2 所示。

图 2-1　四面敞开的亭子

图 2-2　大面积的落地玻璃窗

2.2　室内空间的类型与空间形态心理

2.2.1　室内空间的类型及特点

室内空间形式是多种多样的，空间的多样性是基于人们丰富多彩的物质和精神生活的需要。室内空间可以根据空间构成的性质和特点来划分，以便于在空间组织设计时选择和运用。

1. 固定空间和可变空间

固定空间是一种功能明确、空间界面固定的空间。固定空间的形状、尺度、位置等往往是不能改变的。

可变空间是一种灵活可变、适应性较强的空间。它可以根据不同使用功能的需要，改变自身空间形式。通常采用轻巧方便、可移动的活动隔墙、家具、推拉门、帷幔等分隔空间，需要时通过改变活动隔墙、家具等的位置或状态，来获得或大或小的室内空间。如图 2-3 所示，利用折叠式活动隔墙分隔客厅和餐厅，使两个功能空间既能相互独立，又能合并成一个大空间。

图 2-3　折叠式活动隔墙分隔空间

2. 封闭空间与开敞空间

封闭空间是指用限定性较高的界面围合起来的独立性较强的空间。封闭空间在视觉、听觉等方面具有较强的隔离性，有利于排除外界的各种不利影响和干扰，如图 2-4 所示。

开敞空间是一种强调与周围空间环境交流、渗透的外向型空间，其空间界面围合程度低，可以是完全开敞的（即与周围空间之间无任何阻隔），也可以是相对开敞的（即由玻璃隔断等与周围环境分隔），如图 2-5 所示。

图 2-4　封闭空间

图 2-5　开敞空间

开敞空间和封闭空间是相对而言的，在空间感上，开敞空间是流动的，渗透的；封闭空间是静止的，独立的。在对外关系和空间性格上，开敞空间是开放性的，封闭空间是拒绝性的；开敞空间是公共的和社会性的，封闭空间是私密性的，个体的。

空间的开敞与封闭一般可根据房间的使用性质，与周围环境的关系，以及视觉上和心理上的需要等因素确定。

3. 动态空间与静态空间

动态空间一般有两种表现形式，一是空间内包含各种动态设计要素，二是由建筑空间序列引导人在空间内流动以及空间形象的变化引起人心理感受的变动，如流动空间、共享空间等。

流动空间是由若干个空间相互连贯，引导视觉的转移和移动，使人们从“动”的角度观察周围事物，将人们带到一个空间与时间相结合的“四度空间”。流动空间具有空间的开敞性和连续性，空间相互渗透，层次丰富，同时又具有视觉的导向性，空间序列、空间构成形式富有变化和多样性，如图 2-6 所示。

图 2-6　流动空间

共享空间又称中庭空间，如由美国建筑师波特曼首创的“人看人”的空间形式。它是为了适应各种开放性社交活动和丰富多彩的生活的需要而产生的。共享空间运用了多种空间处理手法，它大中有小，小中有大，外中有内，内中有外，相互穿插渗透，融合多种空间形态，加上富有动感的自动扶梯、生机勃勃的自然景观等，使共享空间极富生命活力和人文气息，如图 2-7、图 2-8 所示。

图 2-7　波特曼设计的亚特兰大桃树广场酒店中庭

图 2-8　某中庭空间

一般情况下，动态空间具有以下特点：

（1）利用机械化、自动化的设施和人的活动等形成丰富的动感，如电梯、自动扶梯等。如图 2-9 所示，运行着的自动扶梯给空间带来动感。

（2）利用空间序列设计，组织灵活多变的空间环境，引导人流在空间内流动，如图 2-10 所示。

（3）利用声、光、电的变幻给人以动感，如舞厅内五光十色的灯光和跳跃的音响效果，使空间动感强烈，如图 2-11 所示。

（4）引入鲜活生动的自然景物，如植物、瀑布、喷泉、小溪、游鱼等。如图 2-12 所示，广州白天鹅宾馆中庭以叠石瀑布、曲桥流水、植物等营造出一个生机勃勃的室内空间。

（5）通过界面、家具、陈设及其布置形式产生动势，如动态的线型、对比强烈的视觉效果等，如图 2-13 所示。

静态空间一般来说相对稳定，给人以安宁、稳重之感。其空间构成比较单一，空间关系较为清晰，视觉转移相对平和，视觉效果和谐，如图 2-14 所示。

图 2-9　动态空间（一）

图 2-10　动态空间（二）

图 2-11　动态空间（三）

图 2-12　动态空间（四）

静态空间的特点表现为：

（1）空间趋于封闭、私密性较强。

（2）多采用对称的空间布局，达到静态的平衡。

（3）空间与家具、陈设等比例协调、构图均衡。

（4）光线柔和，色彩淡雅，和谐统一。

图 2-13 动态空间（五）

图 2-14 静态空间

4. 凹入空间与外凸空间

凹入空间是一种在室内局部退进的空间形式。凹入空间通常只有一面或两面开敞，受外界干扰较少，私密性和领域感较强，通常将顶棚也相应降低，可在大空间中营造出一个安静、亲切的小空间，如图 2-15 所示。

外凸空间是指相对于外部空间凸出在外的空间形式。但凹凸是相对的，外凸空间相对内部空间而言是凹室。一般外凸空间的两面或三面是开敞的或大面积开窗，目的是将室内空间更好地延伸向室外大自然，使室内外空间融合渗透，或通过锯齿状的外凸空间，改变建筑的朝向方位，如阳台、晒台等，如图 2-16 所示。

图 2-15 凹入空间

图 2-16 外凸空间

5. 地台空间与下沉空间

地台空间即将室内地面局部抬高划分出的边界明确的空间。由于地面升高使其在周围空间中十分突出，表现为外向性和展示性，常用于商品的展示、陈列，如图 2-17 所示。处于地台上的人们具有一种居高临下的优越感，视线开阔，趣味盎然。

下沉空间是将室内地面局部降低而产生的一个界限明确、相对独立的空间。由于下沉空间的地面标高比周围空间要低，因此具有一种隐蔽感、保护感和宁静感。下沉空间易形成具有一定私密性的小天地，同时随着视线的降低，空间感觉增大，室内景观会产生不同一般的变化，如图 2-18 所示。根据具体条件和要求，可设计不同的下降高度，也可设置围栏保护，一般情况下，下降高度不宜过大，避免产生楼上楼下的感觉。

图 2-17　地台空间

图 2-18　下沉空间

6. 虚拟空间

虚拟空间是指在大空间内通过界面的局部变化而再次限定出的空间。虚拟空间占据一定的范围，但没有完整确切的界面，限定度较弱，主要依靠视觉启示和联想来划分空间，所以又称为“心理空间”。虚拟空间可以利用界面的局部变化构成，如局部升高或降低地面、顶棚，或利用结构构件、隔断、家具、陈设、绿化等限定，或借助于界面材质、色彩的变化等形成，如图 2-19 所示。凹入空间与外凸空间、地台空间与下沉空间都属于虚拟空间。

图 2-19　虚拟空间

7. 迷幻空间

迷幻空间追求神秘、新奇、光怪陆离、变幻莫测的超现实的空间效果。为了在有限的空间内创造无限的、虚幻的空间感，常利用不同角度的镜面玻璃的折射，使空间变幻莫测。在造型上追求动感，常利用扭曲、错位、倒置、断裂等造型手法，并配置奇形怪状的家具与陈设，运用五光十色、跳跃变幻的光影效果和浓艳娇媚的色彩，获得新奇、动荡、光怪陆离的空间效果，如图 2-20 所示。

图 2-20 迷幻空间

8. 模糊空间

模糊空间又称为灰空间，它的界面模棱两可，具有多种功能的含义，空间充满复杂性和矛盾性。灰空间常介于两种不同类型的空间之间，如室内与室外，开敞与封闭等。由于灰空间的不确定性、模糊性、灰色性，从而延伸出含蓄和耐人寻味的意境，多用于处理空间与空间的过渡、延伸等。对于灰空间的处理，应结合具体的空间形式与人的意识感受，灵活运用，创造出人们所喜爱的空间环境。

2.2.2 室内空间形态心理

任何室内空间都表现为一定的形态，不同的空间形态能使人产生不同的心理感受。了解空间形态心理，有助于更好地把握建筑师的设计意图，在装饰设计中将其进一步深化，或采取有效措施改善空间的心理感受。

1. 空间的形状与比例

大多数情况下，室内空间采用矩形空间形式，但也有圆拱形、球形、锥形、自由形等空间形式。矩形空间具有一定的方向性，给人稳定、安静、平稳的感受；圆拱形、球形空间具有稳定的向心性，给人内聚、收敛、集中的感觉；锥形空间在平面上具有向外扩张之势，立面具有向上的方向性，给人以动态和富有变化的感受；自由形空间复杂多变，表现形式丰富，具有一定的独特性和艺术感染力，但其结构复杂，不适合大量应用。

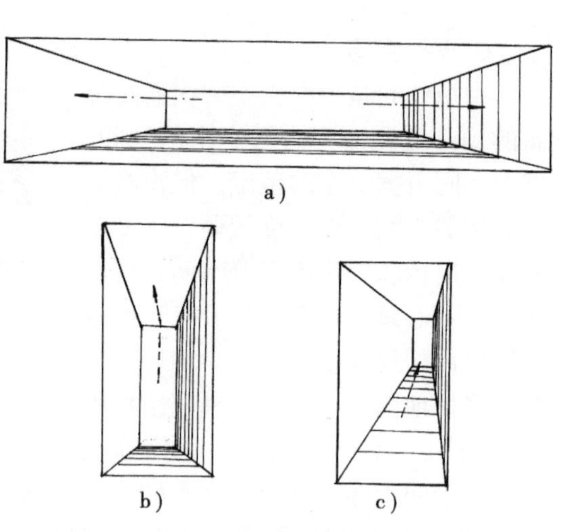

图 2-21 空间比例关系不同引起的空间感
a）阔而低空间的空间感 b）小而高空间的空间感 c）窄而长空间的空间感

空间比例关系的变化也会使人产生不同的感受。例如同为矩形空间，由于长、宽、高的比例不同，形状也就变化多样，给人的感受也不相同。一般阔而低的空间使人感觉广延、博大，但也易产生压抑、沉闷之感；小而高的空间易使人产生向上的感觉；窄而长的空间具有向前的导向性，使人产生深远、期待的感受，如图 2-21 所示。

2. 空间的体量

一般情况下，空间的体量大小是根据房间的功能和人体尺度确定的，但一些对精神功能要求高的建筑，如纪念堂、教堂等，体量往往要大得多。大小空间也给人不同的感受，大空间可以获得宏伟、开阔、宽敞的效果，但过大的空间也使人感觉空旷、不安定；小空间使人感觉亲切、宁静、安稳，但过小会产生局促、压抑的感受，如图2-22所示。

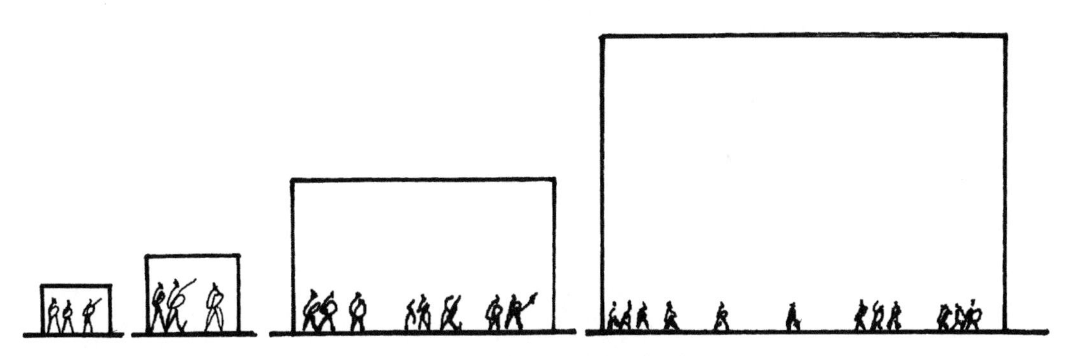

图2-22　空间体量给人的不同感受

3. 空间的开合

空间的开合取决于空间侧界面的围透，完全通透的界面使室内外空间相互渗透，空间界限变得模糊，给人以开放、活跃之感，但也会使人感到不安定。部分通透的界面使空间处于半开敞与半封闭之间，使室内外空间保持着一定程度的联系，给人以突破、期待之感。完全围合的封闭空间只在少数特殊情况下出现，如娱乐场所的KTV包房，因隔声等要求多采用完全封闭的形式，以获得私密、安定、无干扰的空间环境，但也会给人压抑、憋闷的感受。

2.3　空间构图的形式美法则

如前所述，室内空间是由诸多因素共同形成的，如界面、家具、陈设、绿化等，它们分别以点、线、面、体的表现形式占据、围合形成空间，具有形状、色彩、质感等视觉要素；以及位置、方向等关系要素；它们相互联系、呼应、对比、衬托，从而形成一定的空间构图关系。

空间的构图是一种视觉艺术，并没有固定的规则或定式，只有这样才能获得新颖、独特、富有个性的设计。但一些基本的构图形式美法则还是普遍存在的，是任何设计都必须遵循的。

2.3.1　均衡

均衡主要是指空间构图中各要素之间相对的一种等量不等形的力的平衡关系。对称构图最容易取得均衡感，对称的均衡表现出严肃、庄重的效果，易获得明显的、完整的统一性，如图2-23所示。非对称构图变化丰富，其均衡感来自于一个强有力的均衡中心，容易取得轻快活泼的效果，如图2-24所示。空间构图的均衡与物体的大小、形状、质地、色彩有关。

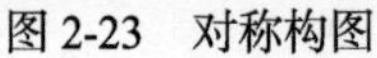

图 2-23 对称构图

图 2-24 非对称构图

2.3.2 比例

任何造型艺术都存在比例关系问题。室内空间的比例表现在两个方面，一是空间自身的长、宽、高之间的尺寸关系，二是室内空间与家具、陈设之间的尺度关系。几何形状良好的比例关系有黄金比、等差数列比、等比数列比、平方根比等，空间因从属于功能、结构、材料、环境等因素，应综合考虑分析，创造和谐的比例关系。另外，色彩、质感和线条会影响空间比例关系的视觉效果，如竖向线条会有高耸、向上的趋势，横向线条可增加宽阔舒展之感，如图 2-25 所示。

图 2-25 室内空间比例

2.3.3 节奏与韵律

节奏是有规律的重复，韵律则是有规律的变化，韵律美是一种具有条理性、重复性和连续性的美的形式。空间构图中产生韵律的方法有连续、渐变、交替、重复等，如图 2-26、图 2-27 所示。

（1）连续。连续的线条具有流动的性质，可获得韵律美，如踢脚线，挂镜线，各种家具、墙角的装饰线脚等。

（2）渐变。可通过线条、形状、明暗、色彩的渐变获得韵律感。渐变的韵律要比连续的韵律更为生动，更富有吸引力。

（3）交替。各种要素都可按一定规律交错重复、有规律地出现，如明暗、黑白、冷暖、大小、长短等的交替，可产生自然生动的韵律美。

（4）重复。通过室内色彩、质地、图案的连续重复排列而产生韵律美。

图 2-26 空间构图韵律（一）

图 2-27 空间构图韵律（二）

2.3.4 变化与统一

变化与统一是基本的美学法则之一。要把空间中若干个各具特色的构成要素有机结合起来，形成既富有变化、又协调统一的空间环境，就必须同时处理好构成要素之间的协调和对比两方面的问题。

1. 协调

协调就是要强调相互之间的联系，形成一定的呼应关系，并讲究主次关系，以次要部分烘托主体部分，以主体统率全局。例如重复相同或近似的母体取得协调，利用家具、陈设、造型、色彩、质感等重复与微差形成呼应等。如图 2-28 所示，某大堂室内的地面拼花形式与顶棚造型相互呼应，又以中央花台形成构图中心，整个大堂空间和谐、完整。

图 2-28 某大堂地面与顶棚相互呼应

2. 对比

变化主要是运用对比的处理手法来体现的。对比就是强调各构成要素之间的差异，相互衬托，具有鲜明突出的特点。空间中可利用形状、空间的开敞与封闭、动与静、色彩、质感等的对比形成变化。对比的程度有强有弱，弱对比更多强调相互之间的共性，温和，含蓄，易调和；强对比则重在各自特色的表现，鲜明，刺激，可突出重点，形成趣味中心。如图 2-29 所示，具有动感的楼梯与沙发、茶几、落地灯、绿化等构成的静态休憩区形成强烈的动静对比，形成了丰富、生动的空间效果。

图 2-29 某静态休憩区的动静对比

在室内空间中过分地强调协调统一，会产生呆板、单调、沉闷之感，但过多的对比变化也会造成杂乱无章，失去中心，所以只有既有对比变化，又协调统一的空间构图才能获得新颖美观、富有个性的室内空间环境。

2.4 室内空间组织设计

2.4.1 室内空间的分隔和联系

空间组织是室内空间设计的重要内容，空间的组织即通过不同的空间分隔和联系方式，创造出良好的空间环境，满足人们不同的生活生产活动需要和精神需要。

空间的分隔与联系是相对而言的，两者是对立统一的关系。空间各组成部分之间的关系主要是通过分隔的方式来体现的。空间的分隔应充分考虑到空间的使用功能和使用性质，空间的关系与层次，空间的艺术特点、风格要求等。空间分隔的方式决定了空间之间的联系程度。空间分隔的方式主要有以下四种。

1. 绝对分隔

绝对分隔是利用承重墙或直到顶棚的轻质隔墙等分隔空间，分隔出的空间有明确的界限，是封闭性的，不仅阻隔视线，而且在声音、温度等方面也有一定阻隔。因此，相邻空间之间互不干扰，具有较好的私密性，但与周围环境的流动性较差，如卡拉 OK 包房、餐厅包间、会议室、录音棚等常采用绝对分隔的方法，如图 2-30 所示。

图 2-30 绝对分隔空间

2. 局部分隔

局部分隔即利用具有一定高度的隔断、屏风、家具等在局部范围内分隔空间。局部分隔一般是为了减少视线上的相互干扰，对声音、温度等没有阻隔。局部分隔的强弱取决于分隔体的大小、形态、材质等。局部分隔的形式有四种，即一字形垂直面分隔、L形垂直面分隔、U形垂直面分隔、平行垂直面分隔，如图 2-31 所示。

图 2-31　局部分隔空间

a）一字形垂直面分隔　b）L 形垂直面分隔　c）U 形垂直面分隔　d）平行垂直面分隔

3. 象征性分隔

象征性分隔即利用低矮的界面、通透的隔断、界面高差变化等分隔空间。象征性分隔的限定度很低，主要依靠部分形体的变化来给人以启示、联想划定空间。空间的形状装饰简单，却可获得较为理想的空间感，如图 2-32 所示。

图 2-32　利用地面高差象征性分隔空间

4. 弹性分隔

弹性分隔即利用折叠式、升降式、拼装式活动隔断或帷幕等分隔空间，可根据使用要求开启、闭合，空间也随之分分合合，如图 2-33 所示。

空间分隔的具体方法多种多样，归纳起来主要有：

（1）利用建筑结构分隔空间，如利用楼梯、列柱等分隔。
（2）利用各种轻质隔墙、隔断分隔空间。
（3）利用水平面的高差变化分隔空间。
（4）利用家具的布置分隔空间。
（5）利用界面色彩或材质的变化分隔空间。
（6）利用各种装饰构件分隔空间。
（7）利用照明分隔空间。
（8）利用陈设分隔空间。
（9）利用综合手法分隔空间。
以上分隔方法如图 2-34~ 图 2-38 所示。

图 2-33　利用帷幔弹性分隔空间

图 2-34　利用装饰构件和家具分隔空间

图 2-35　利用玻璃板隔墙分隔空间

图 2-36　利用家具、陈设分隔空间

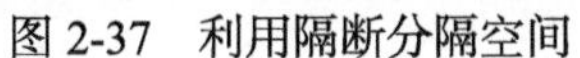
图 2-37　利用隔断分隔空间

图 2-38　利用搁架分隔空间

2.4.2　空间的序列设计

空间序列是指空间环境的先后活动的顺序关系。现代建筑功能复杂，其室内空间因强调与人的活动及周围环境的有机结合，多表现为曲折复杂的布局效果，因此需要采用各种设计处理手法组织空间的序列。

空间序列设计要考虑多方面的问题，功能是一个重要的方面，因为人在空间中处于活动状态，人的每一项活动都表现为一系列的时间与空间过程，这种活动过程具有一定的规律性，如人们到火车站乘车，必然经历买票—安检—候车—检票进站—上车这一系列过程，火车站的空间序列应符合这一顺序。人在运动中所观赏到的各个空间的综合效果则是空间序列设计的关键。因为人在空间中的运动是一个连续的过程，从一个空间到另一个空间，逐一展现出来的空间变化也保持着连续性，通过空间序列设计，把空间的排列和时间的先后有机统一起来，使人在运动中获得良好的视觉效果，特别是当沿着一定路线看完全过程后，使人感受到变化之丰富、节奏之起伏、整体之和谐，最终留下完整、深刻的印象。

1. 空间序列的组成

空间序列设计就是要沿着主要人流路线逐一展开一连串的空间，使之如一曲悦耳动听的交响乐一样，悠扬婉转，跌宕起伏，有主题，有起伏，有高潮，有结束。空间序列一般由序幕、展开、高潮、结尾四部分组成。

（1）序幕。序列的开端，它是空间的第一印象，预示着将要展开的内容，应具有足够的吸引力。

（2）展开。序列的过渡部分，它发挥着承前启后的作用，是序列中承接序幕、引向高潮的重要环节，尤其对高潮的出现具有引导、启示、酝酿、期待以及引人入胜等作用。

（3）高潮。全序列的中心，是序列的精华和目的所在，也是空间艺术的最高体现。期待后的心理满足和激发情绪达到高峰是高潮设计的关键。

（4）结尾。由高潮恢复到平静，是序列中必不可少的一环。良好的结尾有利于对高潮的追思和联想，可使人回味无穷，以加强对整个空间序列的印象。

如毛主席纪念堂（图 2-39），瞻仰的人群列队自花岗石台阶拾级而上，经过庄严、宽阔的柱廊，进入小门厅，从而拉开空间序列的序幕。由小门厅步入宽阔高敞的北大厅，首先映入眼帘的是栩栩如生的毛主席汉白玉坐像，庄严肃穆，引起人的无限追思和回忆，为瞻仰主席遗容做好情绪上的铺垫和酝酿。为突出北大厅到瞻仰厅的入口，北大厅南墙上以金丝楠木装修的两扇大门，以其醒目的色泽和纹理形成导向性。为进一步突出瞻仰厅的主体地位，并照顾人从明到暗的视觉适应过程，北大厅和瞻仰厅之间插入了一个较长的过渡空间，当人们步入瞻仰厅时，感受到更加雅静肃穆的环境气氛，因瞻仰厅在尺度上和空间环境上如日常起居空间，又给人以亲切感，表达了人们对这位伟大领袖的敬仰与爱戴，使人的情绪达到高潮。随后进入南大厅，厅内色彩稳重明快，汉白玉墙面上镌刻着毛主席亲笔书写的《满江红——和郭沫若同志》词，金光闪闪，气势磅礴，激人奋进，作为圆满的结束。整个空间序列并不长，却将序幕、展开、高潮、结束安排得丝丝入扣，跌宕起伏。

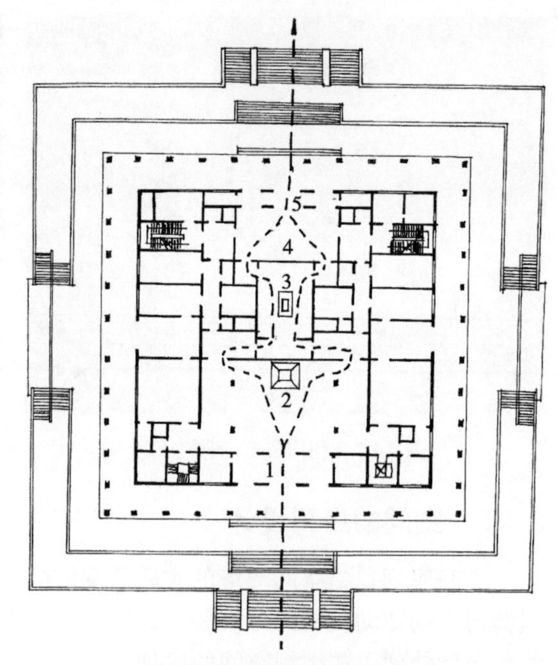

图 2-39　毛主席纪念堂平面图

2. 空间序列的设计手法

空间不是孤立存在的，空间界面、家具陈设、材料质感与肌理、色彩、光照等共同营构出空间环境。良好的建筑空间序列就是通过每一个局部空间的界面装饰、陈设、色彩、照明等一系列设计手法的运用来实现的。空间序列的基本设计手法有以下几种。

（1）空间的引导和暗示。空间的引导和暗示是空间序列设计的基本手法之一，它是以建筑处理手法引导人们行动的方向。空间的引导不同于指路标或文字说明，而是采用建筑所特有的语言传递信息，通过巧妙、含蓄、自然的空间处理，使人在不经意间沿一定的方向或路线从一个空间依次进入另一个空间。

空间的引导和暗示作为一种设计手法，在实际应用中是千变万化的，归纳起来主要有以下几种具体处理方法。

1）运用具有方向性的形象和各种韵律构图来引导和暗示行进的方向。例如利用重复出现的连续性的柱、构架、陈设品等暗示或引导人们行动的方向，或在地面、墙面及顶棚上采用连续性的图案，尤其是具有方向性的线条或图案，以获得导向性，如图 2-40、图 2-41 所示。

2）利用弯曲的墙面引导人流，并暗示另一空间的存在。这是依据人的心理特点和人流自然趋向于曲线形式而产生的，当人面对一条弯

图 2-40　地毯引导空间

曲的墙面时，会自然而然地产生期待感，不自觉地沿弯曲的方向前进，去探索另一个空间，如图 2-42、图 2-43 所示。

3）利用特殊形式的楼梯或特意设置的踏步，暗示上一层空间的存在。楼梯、踏步通常都具有一种引人向上的诱惑力，当需要将人流从低空间引导至高空间时，都可以采用这种方法。

4）利用空间的灵活分隔，暗示其他空间的存在。只要不使人感到“山穷水尽”，人们便会抱有某种期待，并进一步去探索。利用这种心理特点，可采用灵活的空间分隔，使人在一个空间中预感到另一个空间的存在，从而把人引导至另一个空间，如图 2-44 所示。

图 2-41　发光地面和顶棚流线型灯带引导空间

图 2-42　弯曲的墙面引导空间

图 2-43　弯曲的墙面及墙面挂画引导空间

图 2-44　空间的灵活分隔

5）利用视觉中心的作用引导空间。视觉中心是在一定空间范围内引起人们视觉集中的事物，在空间的一些关键部位，如入口处、不同空间连接处、空间转折处等，设置易引起人们强烈注意的物体，以吸引人们的视线，勾起人们向往的欲望。例如形态生动的螺旋楼梯，造型独特的陈设，如雕塑、花瓶、盆栽、壁画等，也可以通过色彩、照明等突出重点，形成视觉中心。

另外，光线的强弱变化，色彩、质感的变化也都可以形成空间的引导和暗示。例如依据人的趋光心理，人会自然地从光线较暗的空间流向光线较亮的空间，从而形成导向性。

（2）空间的过渡与衔接。空间序列就是一连串相对独立的空间组合起来的相互联系的连续过程，从进入室内空间开始，经过一系列大、小、主、次空间，最后离开而结束。一个好的开始，必须做好室内外空间的过渡，使人流自然、有序地从室外进入室内，而且不觉突然，不感平淡。常用的方法是在入口处设置开敞式门廊，也可采用适当的悬挑雨篷、底层透空等方法。在内部空间之间也要有良好的衔接，必要时还可以插入过渡空间，以保证空间序列的连续性，同时借助于过渡性小空间，形成由大到小再由小到大，由高到低再由低到高，由明到暗再由暗到明的对比变化，从而加强整个序列抑扬顿挫的节奏感。过渡性空间可利用辅助用房、楼梯、变形缝等的间隙巧妙地插入，也可借助压低局部空间的方法发挥过渡作用，而不必凡两空间之间都单独设置。结尾也应妥善处理，避免虎头蛇尾之感。

（3）空间的对比与统一。一个空间序列必须有起伏变化、有抑扬顿挫、有铺垫、有高潮。空间的这些变化都可通过相连空间之间的对比作用来获得。常用的对比方法有空间体量的对比、开敞与封闭的对比、空间形状的对比、方向的对比等，如我国古典园林所采用的欲扬先抑的处理手法，就是借空间大小的强烈对比获得以小见大的效果。同时，高潮的形成也是空间对比的结果，以较小或较低的次要空间来烘托、陪衬主体空间，当主体空间得到足够的突出时，就能成为控制全局的高潮。

空间序列又是连续的、完整的，在对比变化的过程中也要强调空间序列的整体性，使空间前铺后续、衔接自然、联系紧密，形成一个有机的统一体，并确保主题明确、格调统一。

总之，空间序列设计就是综合运用对比、过渡、衔接、引导等一系列空间处理手法，把一系列独立的空间组合成一个有序的、变化丰富的、统一完整的空间集群。

3. 空间序列的布局形式

不同类型建筑，因使用功能各不相同，人在空间内进行各项活动时的行为模式不相同，以及环境等因素的不同，空间序列设计的构思、布局和处理手法也就千变万化。一般来说，对于不同类型的建筑，空间序列的布局形式有两种，一种是规则的、对称的；另一种是自由的、非对称的。前者给人以庄重、严肃的感受，后者则轻松、活泼、富有情趣。

第 3 章　室内空间界面设计 | CHAPTER 3

学习目标：通过本章的学习，掌握室内空间界面设计的原则、方法，能够对不同空间的不同界面进行材料选择，能够根据具体的空间环境选择适合的界面细部处理方法。

3.1　室内空间界面设计概述

室内空间是由楼地面、墙面（隔断）、顶棚等空间界面围合形成的，空间界面确定出室内空间的形状、比例、体量、开合等不同形式的空间形态，从而影响室内空间环境。空间界面及隔断、楼梯、栏杆、吧台等相关设施的造型、材料、色彩、细节处理等对室内空间环境效果及空间风格有着极大影响。

当然，室内空间环境效果并不是完全取决于室内界面，室内内含物，如家具、陈设、绿化等对室内空间环境也至关重要。因此，空间界面设计必须与空间组织、室内内含物设计有机地结合起来，才能形成一个整体的空间环境效果。

3.1.1　室内空间界面设计的基本要求

（1）满足耐久性及使用期限要求。

（2）满足耐燃及防火性能要求。现代室内空间，特别是一些人员大量集聚的公共空间，要尽量不使用易燃的装饰材料，并避免使用燃烧时释放大量浓烟和有毒气体的材料。具体规定见现行国家标准《建筑内部装修设计防火规范》(GB 50222）。

（3）无毒无害。界面材料散发的有毒气体、放射性有害物质等不得超过《民用建筑工程室内环境污染控制规范》（GB 50325）中的相关规定，如人造板材胶结材料散发出的甲醛是室内有害气体的主要来源，因此选用人造板材时必须复检其甲醛含量或游离甲醛释放量；选用天然花岗石时应复检其放射性物质含量。

（4）满足施工简便、可拆装、易更新的要求，如扣板式的木地板，就具有可拆卸、重安装的特点。

（5）按照各类功能空间的具体需要及相应的经济条件，满足相应的保温隔热、隔声吸声及防水性能要求。

（6）满足装饰及美观要求。

（7）满足相应的经济要求，构造简洁、方便施工、经济合理。

3.1.2　室内空间界面装饰设计的基本原则

1. 功能性原则

界面设计要服从室内空间的功能要求，如歌剧院、录音棚等空间对声环境要求较高，其界面造型处理和材料选择都应充分考虑隔声、吸声、声音反射、混响时间控制等的需要。即使是同一功能空间，不同界面的要求也会各不相同，如洗浴空间，墙面要求防水，地面既要求防水还要求防滑，顶棚则要求防潮而质轻。

2. 背景原则

室内界面在大多数情况下都是室内环境的背景，对室内空间、家具和陈设起到烘托、陪衬的作用，因此界面设计切忌过分突出或变化过多，以避免“喧宾夺主”。但在特殊需要情况下，如宾馆大堂的服务台背景墙、商业空间的标识（LOGO）墙等，可以进行重点装饰处理，以形成视觉焦点。如图 3-1 所示，展馆内的界面作为背景，以突出展品。

图 3-1　某展厅室内界面

3. 协调性原则

室内装饰风格是丰富多样的，不同民族、不同地域、不同时代的室内装饰风格各具特色，有很大的不同。界面设计要与室内空间环境的整体风格相协调，达到高度的、有机的统一。图 3-2~ 图 3-4 所示为不同民族室内空间装饰风格的界面设计特色。另外，界面设计还应该考虑与空调、音响、通风等设备设施的协调。

图 3-2　中国古典室内界面

图 3-3 西洋古典室内界面

图 3-4 伊斯兰风格的室内门洞装饰

4. 美观原则

界面的美观主要体现在界面的造型、材料的质感及色彩等方面，运用美学规律和造型艺术手段，使得各界面及门窗、楼梯、隔断、栏杆等每一个装饰部件都成为美的载体，从而增强空间的艺术表现力，强化空间风格。

3.2 室内空间界面设计要点

3.2.1 界面造型设计

1. 形状

界面的形状一般是依托结构构件，由结构体系轮廓构成的，可以根据空间组织和空间环境气氛的需要进行形状设计；还可以根据使用功能对空间形状的要求，完全脱开结构层另行设计。

从造型艺术上来讲，界面的形状是由点、线、面等构成的，点、线、面的构图应符合空间构图的美学规律。但不同形状的点、线、面会给人以不同的联想和感受。点是

图 3-5 顶棚上富有动感的曲线

最活跃的元素，可以形成视觉中心；线主要表现为面的交界线、边界线、分割线和表面凹凸变化而产生的线，不同形式或方向的线不仅可以塑造或静或动的空间感觉，还可以调整空间的形态。如图 3-5 所示，顶棚上富有动感的曲线给空间带来动感。

面的形态多种多样，有规则的几何形、多变的自由形、自然形；可以是实体的，也可以是虚的。棱角尖锐的面给人以强烈、刺激的感觉；圆滑形的面给人以柔和活泼的感觉；梯形的面给人以坚固和质朴的感觉；圆形的面中心明确，具有向心力和离心力等。

2. 图案

图 3-6 儿童房的卡通图案装饰

图案的内容和形式丰富多彩，有具象图案和抽象图案；有中式传统图案、西方传统图案、现代图案等；有主题图案和无主题图案。有的图案具有丰富的文化内涵和历史渊源，可以表现特定的风格和氛围；有的可以带给空间安静感或动态感；有的可使空间有明显的个性，表现某个主题。

选用图案时应充分考虑空间及界面的大小、形状、用途和性格，使装饰图案与空间的使用功能和精神功能融为一体。动感强烈或色彩艳丽的图案不宜用于卧室；儿童房可以选择卡通图案增加童趣，如图 3-6 所示。还可以利用图案造成的视错觉来改善空间及界面的比例关系。界面的图案还需要考虑与室内织物（如窗帘、地毯、床罩等）的协调。

同一空间在选择图案时，宜少不宜多，通常不超过两种图案。如果选用三种或三种以上的图案，则应强调突出其中一个主要图案，减弱其余图案，否则会造成视觉上的混乱。

3.2.2 材料表现

室内空间各界面装饰材料的选用，直接影响着整体空间设计的实用性、经济性、美观性以及环境氛围，是界面装饰设计的重要环节。

1. 材料质感

材料质感具有很强的艺术表现力，不同的材料质感会给人以不同的感受。质感粗犷使人感到稳重、浑厚，还可以吸收光线，使人感到光线柔和；质感细腻使人感到轻巧、精致。例如平整光滑的天然石材给人华贵、精密、现代感；斧剁石材给人厚重、有力、粗犷感；全反射的镜面不锈钢给人精密、高科技感；而竹、藤、麻、棉等天然材料常给人以自然、亲切感。图3-7所示某观演空间的室内界面运用木材和其他材料，使室内界面的材料质感非常丰富。

图3-7 某观演空间的室内界面

2. 材料色彩

色彩对视觉具有强烈的感染力和艺术表现力。但是，色彩是不可能独立存在的，必然通过装饰材料等载体表现出来，因此在空间界面设计中要充分利用材料色彩的表现效果。

3. 界面材料的选择原则

在界面装饰设计中，应根据空间的使用功能、性格、风格等选择材料，充分展示材料的内在美，同时考虑视距、面积对材料质感的影响。

（1）满足空间使用功能。对于不同使用功能的室内空间，以及同一功能空间的不同部位，应选用不同的装饰材料，如录音棚对声环境要求高，界面材料应合理选择隔声、吸声材料；浴室界面宜选择防水性能好的材料，但不应使用质感粗糙的材料，以免擦伤身体。

图3-8 温馨的卧室空间

（2）材料特性与空间性格相协调。室内空间的性格决定了空间气氛，空间气氛的营造与材料特性紧密相关。因此，在材料选用时，应注意使其特性与空间气氛相配合，如娱乐休闲空间宜采用明亮、华丽、光滑的玻璃和金属等材料，给人以豪华、优雅的感觉；卧室往往采用温暖质感的木材、壁纸、纺织物等，营造出一种温馨、亲切的室内环境气氛，如图3-8所示。

（3）要充分展示材料自身的内在美。装饰材料的丰富多彩和美观装饰性很大程度上在于材料本身的天然纹理、色彩以及质感等，如石材中的花岗石、大理石；木材中的胡桃木、红影木、柚木等，都具有的天然纹理和色彩。因而在选用材料时，应注意识别和运用，充分表现天然材料的个性美，如图 3-9 所示。

图 3-9　巴塞罗那德国馆室内墙面

（4）要注意材料质感与距离、面积的关系。同种材料，当距离远近或面积大小不同时，它给人们的感觉往往是不同的。人离材料越近，对质感的感受越强，越远感受越弱；面积越大感受质感越弱，面积越小感受越强。例如，光亮的金属材料，用于面积较小的地方，尤其在作为镶边材料时，显得光彩夺目，但当大面积应用时，就容易给人以凹凸不平的感觉；毛石墙面近观显得粗糙，远看则显得较平滑。大空间、大面积的室内，宜使用质感粗犷的装饰材料，使空间显得亲切；小空间、小面积的室内，宜使用质感细腻的装饰材料，使空间显得大。因此，在设计中，应充分把握这些特点，并在大小尺度不同的空间中巧妙地运用。

3.3　地面装饰设计

地面由于其视野开阔，功能区域划分明确，作为室内空间的承重基面，是室内界面设计的主要组成部分。因此，地面的设计在满足使用功能的同时，还应给人一定的审美感受和空间感受。

3.3.1　地面装饰设计的要求

1. 满足使用要求

地面设计必须保证坚固耐久和使用的可靠性，应满足耐磨、耐腐蚀、防潮湿、防水、防滑甚至防静电等基本要求，应具备一定的隔声、吸声、保温性能和弹性。

2. 有助于功能区划分和空间组织

地面的形状和图案变化，要结合室内功能区的划分、家具陈设的布置统一考虑。例如公共建筑的门厅处，由于有大面积的没有被家具遮挡的地面，因此该处的地面设计往往要进行重点装饰，同时用具有导向性的图案使其发挥空间引导作用；而其他地方由于家具的遮挡，只做一般处理；在人流路线上也可设计带有引导性的线条或图案来引导人流。

3. 与空间风格相协调

地面的造型、图案、材料质感及色彩应满足视觉艺术要求，使室内地面设计与整体空间融为一体，并为之增色。

3.3.2 地面装饰设计要点

1. 地面划分

地面划分要结合各功能区特点、空间形态、家具陈设、人的活动状况及心理感受等因素综合考虑。可以通过地面材料变化、质感或色彩变化、地面标高变化等方式划分地面。

2. 造型与图案设计

地面造型设计一般结合地面划分进行，常常运用图案设计，暗示人们某种信息，或起标识作用，或活跃室内气氛，增加生活情趣。因此，必须对楼地面的图案进行精心研究和选用。楼地面的图案设计大致可分为以下三种类型：

1）强调图案本身的独立完整性。这种类型多用于一些特殊的限定性空间。如图 3-10 所示，周边式布局的会议室常采用内聚性的图案，以加强空间的整体感，且色彩要和会议空间相协调，取得安静、聚神的效果。

图 3-10　周边式布局的会议室

2）强调图案的连续性和韵律感。这种类型具有一定的导向性和规律性，常用于走道、门厅、商业空间等，只是色彩和材质要根据空间的性质、用途而定。图 3-11 所示为结合顶棚图案设计的室内过道地面图案。

图 3-11　结合顶棚图案设计的室内过道地面图案

3）强调图案的抽象性和自由多变。这种类型常用于不规则或灵活自由的空间，能给人以轻松自在的感觉，色彩和材质的选择也较灵活。

3. 材料选择

地面材料的选择应满足使用要求，根据室内空间风格、环境氛围及构图需要等因素，从材料的质感、纹理、色彩等方面选择装饰材料。

常见的地面材料有实木地板、竹地板、复合木地板、软木地板、塑料地板、橡胶地板、陶瓷地砖、陶瓷锦砖、天然花岗石、大理石及各类人工石材、涂料地面等。特殊地面有弹性地面、发光地面、活动地板（防静电）等。同时新型地面材料也不断涌现，如网络地面等。

3.4 侧界面装饰设计（包括墙面、柱子、隔断等）

侧界面是室内外环境构成的重要部分，不管用“加法”或“减法”进行处理，都是陈设艺术及景观展现的背景和舞台，对控制空间序列、创造空间形象具有十分重要的作用。

3.4.1 墙面装饰设计

1. 墙面装饰设计的作用

（1）保护墙体。墙体装饰能使墙体在室内物理环境较差时（如湿度较高时）不易受到破坏，从而延长使用寿命。

（2）装饰空间。墙面装饰能使空间美观、整洁、舒适，富有情趣，渲染气氛，增添文化气息。

（3）满足使用要求。墙面装饰具有隔热、保温和吸声作用，能满足人们的生理要求，保证人们在室内正常的工作、学习、生活和休息。

2. 墙面装饰设计要点

（1）墙面造型。大多数墙面作为空间背景是不需要做造型变化的，或可以通过简单的线脚加以装饰。只有在特殊需求下，局部墙面可以通过造型变化重点装饰，如主题墙、LOGO 墙等。墙面造型主要是通过点、线、面的构图和凸凹、虚实等对比变化形成的。不同的墙面造型可以表现出强烈的风格特征、民族特征甚至地域特征。

（2）墙面图案。墙面图案的形式丰富多彩，主要表现为点、线条、花饰图案等，也可以是大型图画或装饰图案；它们可以带来不同的视觉效果和环境氛围，同时受图案自身风格的影响，墙面也会表现出相应的风格。例如横向线条可使空间水平延伸，给人安定的感觉；纵向线条可增加空间的高敞感；大图案会使空间充实并感觉变小；小图案可以使空间感觉宽敞，当然与图案的色彩也有关系。大型装饰图案可以成为墙面的视觉中心，往往具有表现主题的作用。

（3）装饰材料选择。墙面装饰材料应根据室内空间或使用部位的使用功能、空间使用性质、装饰风格等要求恰当选择，充分展现材料自身的质感、纹理及色彩之美，并利用它们的对比变化，丰富墙面视觉效果。

常用的墙面材料有涂料（乳胶漆等）、天然石材、人造石材、陶瓷墙砖、锦砖、装饰玻璃、各种复合板材、木质人造板、金属装饰薄板、壁纸壁布、锦缎皮革、石膏装饰制品及木雕装饰品等。新兴的绿色环保材料有硅藻泥涂料、液体壁纸、马来漆、纳米陶瓷砖等。

3. 墙面的设计形式

日常生活中我们见到的墙面形式是多种多样的，但这些变化丰富的墙面都是由基本的形式经过形状、色彩、材质、灯光等的种种变化而形成的。这些基本形式具体有：

（1）主题性墙面。住宅客厅中的电视背景墙、办公空间入口或接待厅的公司标志墙或其他宣传公司文化的墙面都可称为主题性墙面。在设计时，这类墙面要首先分析人流路线，要选人们注视时间较长的墙面作为主题墙面。

（2）壁画装饰的墙面。用壁画装饰墙面，常见的方法有两种：一种是当墙面面积较大时，可在墙面挂上风格一致、大小不一、聚散有致的壁画；另一种是在一面墙上悬挂或绘制大型壁画，来表现一定的主题，使空间充满艺术魅力。

（3）壁龛式。在墙面上每隔一定距离设计凹入式的薄壁，使室内墙面形成有规律的凹凸变化，一般在室内空间或墙面面积较大时采用。也可在两柱中间结合柱面装饰设壁龛，然后再打灯光。壁龛可做成具有古典风格的门窗洞的造型，别有一番情趣。图3-12所示为具有伊斯兰风格的装饰壁龛。

图3-12 具有伊斯兰风格的装饰壁龛

（4）表现绿化的墙面。将室内墙面用乱石砌成，在墙面上悬挂植物或采用攀缘植物，再结合地面上的种植池、水池，可形成一个意境清幽、赏心悦目的绿化墙面。图3-13所示为某大厅内的墙面绿化。

（5）结合灯光设计的墙面。在墙面装饰设计中，可以充分运用现代灯光技术，结合光影艺术，形成别具一格的墙面效果。

图3-13 某大厅内的墙面绿化

3.4.2 柱子装饰设计

柱子作为框架结构建筑的垂直承重构件，为达到其承重目的，一般较粗壮。为了减少在室内空间中裸露柱子的这种粗壮之感，往往通过精心的装饰来进行弱化处理，如中国古代的盘龙柱，古希腊、古罗马的爱奥尼、科林斯等柱子对室内外空间就具有很强的装饰性。图 3-14 所示为装饰性较强的西洋古典柱式。

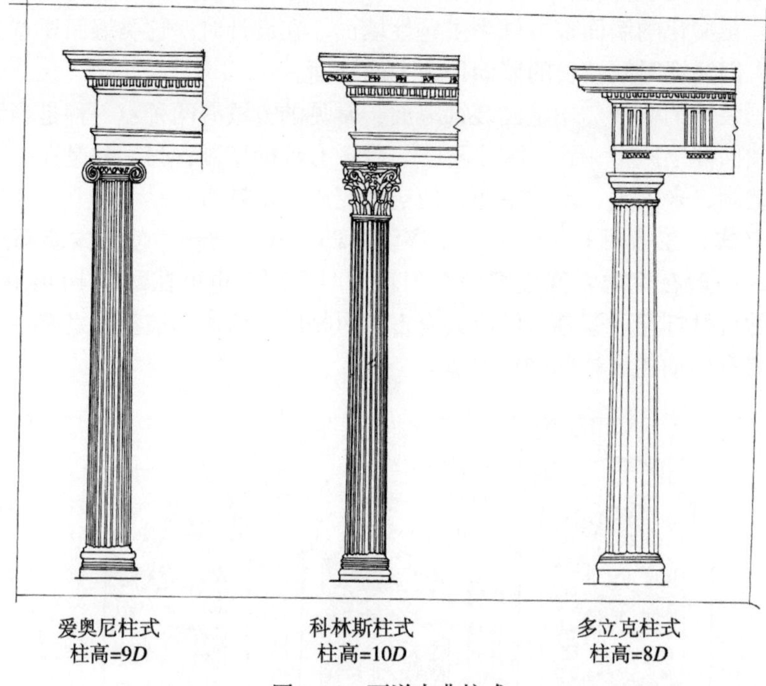

爱奥尼柱式　柱高=9*D*　　科林斯柱式　柱高=10*D*　　多立克柱式　柱高=8*D*

图 3-14　西洋古典柱式

现代建筑对柱子的装饰更是丰富多彩。一般来说，承重柱在室内空间中主要有两种处理手法：一种为在空间中有 1~2 根柱子临空时，可将柱子作为空间的重点装饰，图 3-15 所示为单柱的重点装饰；另一种是当室内空间较大，有多个柱子成排时，应以有很强韵律感的柱列形式装饰柱子，图 3-16 所示为柱列装饰的室内空间。

图 3-15　单柱的重点装饰

图 3-16　柱列装饰的室内空间

柱子装饰一般分为柱头、柱身、柱础三部分，现代建筑室内空间中柱子一般把柱头和柱身作为重点装饰部位，柱础部分只做简单处理。

另外，在现代建筑室内空间中，为了分隔空间，还可设计专门的装饰柱，这种柱子往往形式多样，造型别致，能起到很好的装饰效果。图 3-17 所示为装饰柱分隔室内空间。

图 3-17　装饰柱分隔室内空间

3.4.3　隔断装饰设计

现代建筑室内空间，为了达到在不同时期根据不同的空间使用要求来灵活分隔空间的目的，往往采用隔断来分隔空间，以使空间显得更开敞，流动性更强。

（1）根据固定形式的不同，隔断可以分为固定式和可移动式两种。固定式的隔断多以墙体的形式出现，既有到顶的完全封闭的轻质隔墙，也有通透的玻璃质隔墙和不到顶的低矮隔断形式等。可移动的隔断多种多样，下面进行简单的介绍。

1）屏风隔断：主要作用是分隔空间和遮挡视线，一般不做到顶，但安置灵活、方便，可随时变更所需分隔的区域，只是隔声较差。屏风式样可根据整个房间气氛选用或定制，可采用薄纱、木板、竹窗等任何式样或材料，但应注意与房间氛围协调。它不但能隔断空间，且可随时变动。好的屏风本身就是一件艺术品，可以给室内带来一种典雅、古朴的气氛。

2）帷帘隔断：制作简便，做一滑道，穿上吊环，固定帷帘，就可成为隔断。但选帷帘布时须注意其质地、颜色、图案应和室内总体风格协调。

3）隔断家具：家具的品种很多，能起隔断作用的即为隔断式家具。家具中的桌、椅、沙发、茶几、高矮柜都能够用来分隔空间。

4）博古架：博古架尺寸样式可按需制作，放上一些古玩、盆景等，既能透过自然光，又能增添居室的典雅气氛。

5）绿色植物：居室利用绿色植物既可将空间分隔成若干区域，又不影响空间的采光和通风。

（2）根据材质的不同，隔断可以分为石材、木材、玻璃、金属、塑料、布艺等十几种。

（3）根据组合或开启方式的不同，隔断可以分为拼接式、直滑式、折叠式、升降式等几种。图 3-18~ 图 3-21 所示为几种不同形式的隔断。图 3-22 所示为中国古典的分隔室内空间的罩或太师壁。

图 3-18　隔断示例（一）

图 3-19　隔断示例（二）

图 3-20　隔断示例（三）

图 3-21　隔断示例（四）

a)

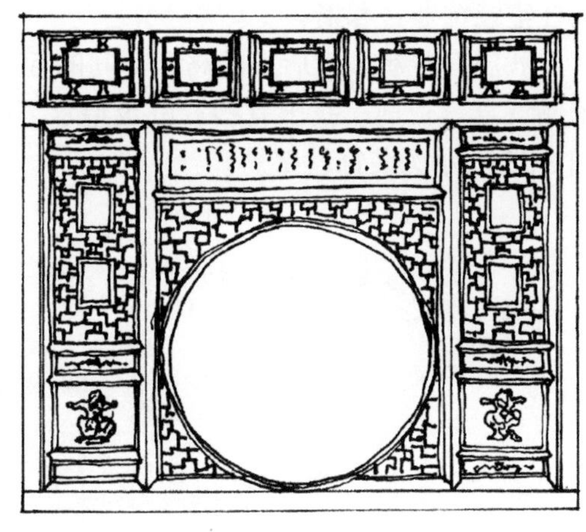

b)

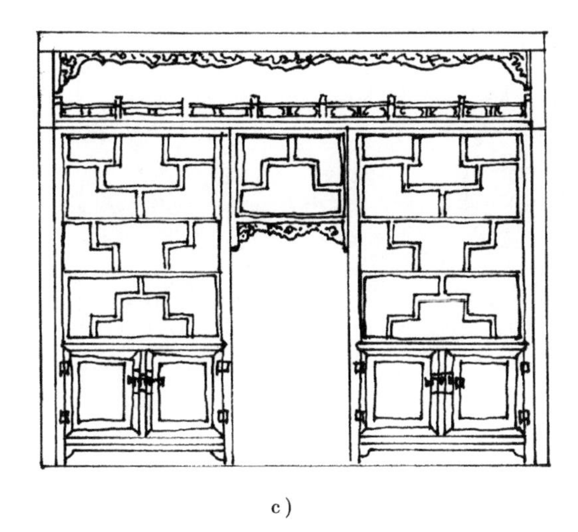

c)

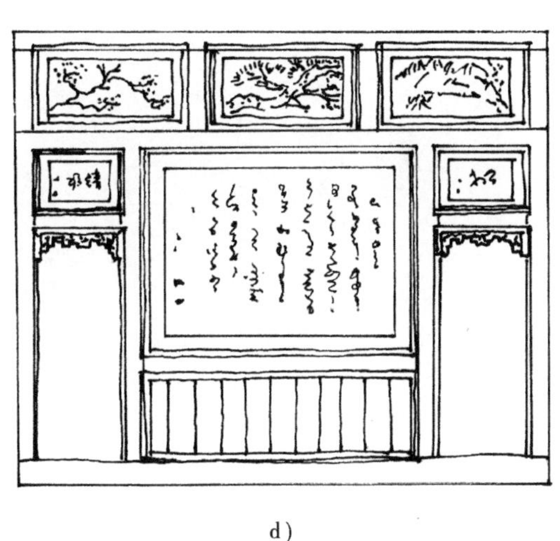

d)

图 3-22 中国古典的分隔室内空间的罩或太师壁

a) 落地罩 b) 圆光罩 c) 多宝阁 d) 太师壁

3.4.4 细部构件装饰设计

1. 壁炉

壁炉原为欧洲国家室内取暖的建筑设施，也是室内的主要装饰部件，在起居室内的壁炉周围，往往布置休息沙发、茶几等家具，供家人团聚、朋友聚会，形成一种温馨浪漫的室内气氛。如法国卢浮宫内的壁炉，装饰得相当豪华，除了选用上等的石材以外，还有许多雕刻精细的石雕人物塑像及丰富的折枝卷草纹饰，用金线勾勒，环绕在壁炉周围；台面还摆放高级陈设品，综合的陈设效果和建筑的古老式样非常和谐，成为室内的重点装饰。而今室内环境虽有现代化的取暖设施，但壁炉作为西方文化习俗，作为一种装饰符号被一直沿用。

传统壁炉设计的重点部位：一是制作精美的炉架；二是较窄的炉架台面上摆放的陈设品；三是在台面上方悬挂绘画或其他工艺美术品。欧洲兴起的新式壁炉与古老的传统壁炉式样有很大差别，其特点是构思新颖、造型简洁、用色大胆、工艺单纯，与现代化的住宅装饰非常和谐。

我国有些星级饭店里的高级套间的起居室内，仍然使用壁炉装饰来体现室内环境的浪漫气息。目前，我国有些家庭也追求“欧式”风格，采用壁炉形式来装饰室内空间。图 3-23 所示为装饰性壁炉。

图 3-23　装饰性壁炉

2. 栏杆

栏杆作为楼梯、走廊、平台等处的保护构件，由于其造型多样，风格独特，往往也成为室内外装饰的重要构件。在现代室内空间中，栏杆也成为一种有效分隔空间的艺术手段。在历史上，无论中国古典建筑还是西洋古典建筑的栏杆样式都有着与自己的室内外空间整体风格相统一协调的特点。如中国古典建筑中设于走廊或水榭等处的“美人靠”的坐式栏杆就是结合坐面的一种栏杆形式。图 3-24 所示为中国古典样式的两种栏杆，图 3-25 所示为室内使用的铁艺楼梯栏杆和夹层走廊栏杆，图 3-26 所示为某海底餐厅用于分隔空间的栏杆。

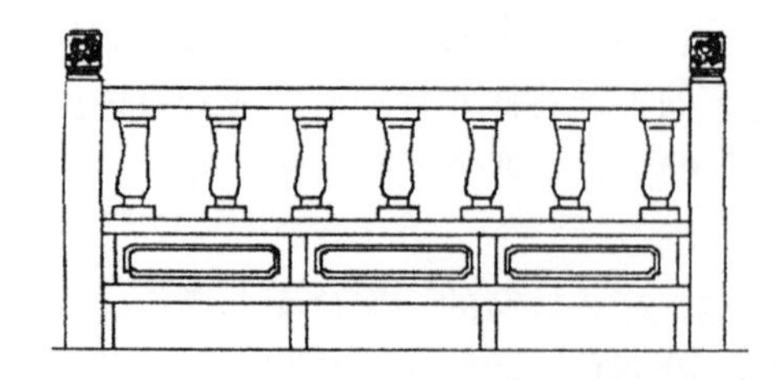

图 3-24　中国古典样式的两种栏杆

图 3-25 室内使用的铁艺楼梯栏杆和夹层走廊栏杆

图 3-26 某海底餐厅用于分隔空间的栏杆

3.5 顶棚装饰设计

顶棚是室内空间的顶界面，是室内空间设计中的遮盖部件。它作为室内空间的一部分，其使用功能和艺术形态越来越受到人们的重视，对室内空间形象的创造有着重要的意义。

3.5.1 顶棚装饰设计的作用

（1）遮盖各种通风、照明、空调线路和管道。

（2）为灯具、标牌等提供一个可载实体。

（3）创造特定的使用空间气氛和意境。

（4）起到吸声、隔热、通风的作用。

3.5.2 顶棚装饰设计的要求

（1）注意顶棚造型的轻快感。轻快感是一般室内顶棚装饰设计的基本要求。上轻下重是室内空间构图稳定感的基础，所以顶棚的形式、色彩、质地、明暗等处理都应充分考虑该原则。当然，特殊气氛要求的空间例外。

（2）满足结构和安全要求。顶棚的装饰设计应保证装饰部分结构与构造处理的合理性和可靠性，以确保使用的安全，避免意外事故的发生。

（3）满足设备布置的要求。顶棚上部各种设备布置集中，特别是高等级、大空间的顶棚上，通风空调、消防系统、强弱电管线错综复杂，设计中必须综合考虑，妥善处理。同时，还应协调通风口、烟感器、自动喷淋器、扬声器等设备与顶棚面的关系。

3.5.3 顶棚装饰设计要点

1. 顶棚的造型

顶棚作为一种功能界面，它的造型设计及材料质感会影响到空间的使用效果，尤其是光环境和声环境效果。平滑的顶棚能成为光线和声音有效的反射面，如果引起声音的多次反射会造成室内的音响效果嘈杂，因而在公共空间可使顶棚倾斜或用更多的块面板材进行折面造型处理，以增加吸声表面，并适当采用吸声材料。

顶棚造型设计还要有助于室内空间组织和空间氛围的营造。如利用顶棚的局部高低变化营造虚拟空间；具有动势的顶棚造型可以给整个空间带来动感。

2. 顶棚的高度

顶棚的高度是影响空间形态的重要因素。高顶棚能产生高敞、庄重之感，但过高会产生冷峻的气氛；低顶棚能给人一种亲切感，但过低会使人感到压抑。顶棚设计可以通过调整吊顶高度，或局部空间高低的变换，强化室内空间氛围。

3. 与灯光结合

顶棚设计与灯光相结合，有助于增加顶棚的装饰效果，营造气氛和增加空间层次感。现代设计者往往采用简练、单纯、抽象、明快的处理手法，不但能达到顶棚本身要求的照明功能，而且能展现出室内的整体美感。

4. 顶棚装饰材料与设备

顶棚装饰材料宜选择质轻、美观、易于造型，且满足防火、吸声、防潮等要求的材料。常见的顶棚装饰材料有：各类涂料、壁纸等，通常用于直接抹灰顶棚；安全玻璃，多用于玻璃采光顶棚；各类吊顶材料，吊顶材料有吊顶龙骨（包括轻钢龙骨、铝合金龙骨、木龙骨等），吊挂配件（包括吊杆、吊挂件、挂插件等），吊顶罩面板（包括硬质纤维板、石膏装饰板、矿棉装饰吸声板、塑料扣板、铝合金板等）三部分。

在吊顶上方和楼板下方之间的空间中往往要安装设置各种管线和设备，如灯具、通风系统、空调设备、消防设施等。在进行装饰设计时要注意和其他工种的相互协调与配合。

3.5.4 常见的顶棚装饰形式

1. 平整式顶棚

平整式顶棚的特点是顶棚表现为一个较大的平面或曲面。这个平面或曲面可能是屋（楼）面承重结构的下表面，表面直接用喷涂、粉刷、壁纸等装饰（又称直接抹灰顶棚）；也可能是用轻钢龙骨与纸面石膏板、矿棉吸声板等材料做成平面或曲面形式的吊顶。有时，顶棚由若干个相对独立的平面或曲面拼合而成，在拼接处布置灯具或通风口。平整式顶棚构造简单，外观简洁大方，适用于候机室、候车室、休息厅、教室、办公室、展览厅或高度较小的室内空间，使室内气氛明快、安全舒适。平整式顶棚的艺术感染力主要来自色彩、质感、分格线以及灯具等各种设备的配置。

2. 井格式顶棚

由纵横交错的主梁、次梁形成的矩形格以及由井字梁楼盖形成的井字格等，都可以形成很好的顶棚图案。在这种井格式顶棚的中间或交点，布置灯具、石膏花饰或绘彩画，可以使顶棚的外观生动美观，甚至表现出特定的气氛和主题。有些顶棚上的井格是由承重结构下面的吊顶形成的，这些井格的龙骨与板可以用木材制作，或雕或画，十分方便。井格式顶棚常用彩画来装饰，彩画的色调和图案应以空间的总体要求为依据。图 3-27 所示为木隔片做成的井格式顶棚。

图 3-27 木隔片做成的井格式顶棚

3. 悬浮式顶棚

在承重结构下面悬挂各种折板、格栅或其他饰物，就构成了悬浮式顶棚。采用这种顶棚往往是为了满足声学、照明等方面的特殊要求，或者为了追求某种特殊的装饰效果。在影剧院的观众厅中，悬浮式顶棚的主要功能在于形成角度不同的反射面，以取得良好的声学效果。图 3-28 所示为某音乐厅悬浮式顶棚，既有功能作用，又有装饰作用。在餐厅、茶室、商店等建筑中，也常常采用不同形式的悬浮式顶棚。很多商店的灯具均以木制格栅或钢板网格栅作为顶棚的悬浮物，既做内部空间的主要装饰，又是灯具的支承物。有些餐厅、茶座以竹子或木头为主要材料做成葡萄架形式的顶棚悬浮物，营造形象生动的和谐气氛。

图 3-28　某音乐厅悬浮式顶棚

4. 分层式顶棚

电影院、会议厅等空间的顶棚常常采用暗灯槽，以取得柔和均匀的光线。与这种照明方式相适应，顶棚可以做成几个高低不同的层次，即为分层式顶棚。分层式顶棚的特点是简洁大方，与灯具、通风口的结合更自然。在设计这种顶棚时，要特别注意不同层次间的高度差，以及每个层次的形状与空间的形状是否相协调。

5. 天窗式的玻璃顶棚

现代大型公共建筑的大空间，如展厅、四季厅等，为了满足采光的要求，打破空间的封闭感，使环境更富情趣，除把垂直界面做得更加开敞、空透外，还常常把整个顶棚做成透明的玻璃顶棚。玻璃顶棚由于受到阳光直射，容易使室内产生眩光或大量辐射热，一般玻璃易碎又容易砸伤人。因此，可视实际情况采用钢化玻璃、有机玻璃、磨砂玻璃、夹钢丝玻璃等。

在现代建筑中，还常用金属板或钢板网做顶棚的面层。金属板主要有铝合金板、镀锌铁皮、彩色薄钢板等。钢板网可以根据设计需要涂刷各种颜色的油漆。这种顶棚的形状多样，可以得到丰富多彩的效果，而且容易体现时代感。此外，还可用镜面做顶棚，这种顶棚的最大特点是可以扩大空间感，形成闪烁的气氛。

6. 黑顶棚

黑顶棚是近几年在商场、办公楼等一些大型楼宇内常用的一种顶棚形式。由于在这些建筑内的顶棚上要布置大量的各种管线，这些管线也经常需要维修，如果做成封闭的吊顶，势必会影响管线的维修。所以干脆把顶棚及管线裸露，将原有的混凝土顶棚涂黑，然后再在顶棚上吊下射的灯具。根据室内空间的布置情况也可在黑顶棚局部进行吊顶处理，如图 3-29 所示。

图 3-29 黑顶棚局部吊顶处理

3.6 门窗装饰设计

3.6.1 门窗的作用

门窗是建筑物的重要组成部分。门是建筑物内部空间之间或建筑物内外联系的连接部分，有的仅设门洞，有的加门扇，也兼有采光和通风的作用。门的立面形式在建筑装饰中也是一个重要因素。窗的作用是采光和通风，对建筑立面装饰起很大的作用。同时两者有时还兼有从视觉上沟通空间的作用，如大的落地窗。处理好门窗口的装饰设计，对于建筑的室内和外观都有画龙点睛的作用。

3.6.2 各国传统门窗的特点

（1）中国传统门窗样式很有特色，特别富有中国传统文化内涵。窗的外形丰富多样，有方形、长方形、圆形、多边形、扇形、海棠形等多种，图案布局也多种多样，有角饰、边饰、边角结合、周边连续、满地纹饰等多种。中国古典式样的门扇多种多样，常将中国的吉祥图案巧妙布置在瘦长的单扇门扇中。图 3-30 所示为中式隔扇门，

图 3-31 所示为中式窗。

（2）日式门窗多为木质长方形组合而成，门窗扇则多用轻巧整齐的小方格子组成，简洁、朴素、大方，是日式建筑喜用的窗式，如图 3-32 所示。

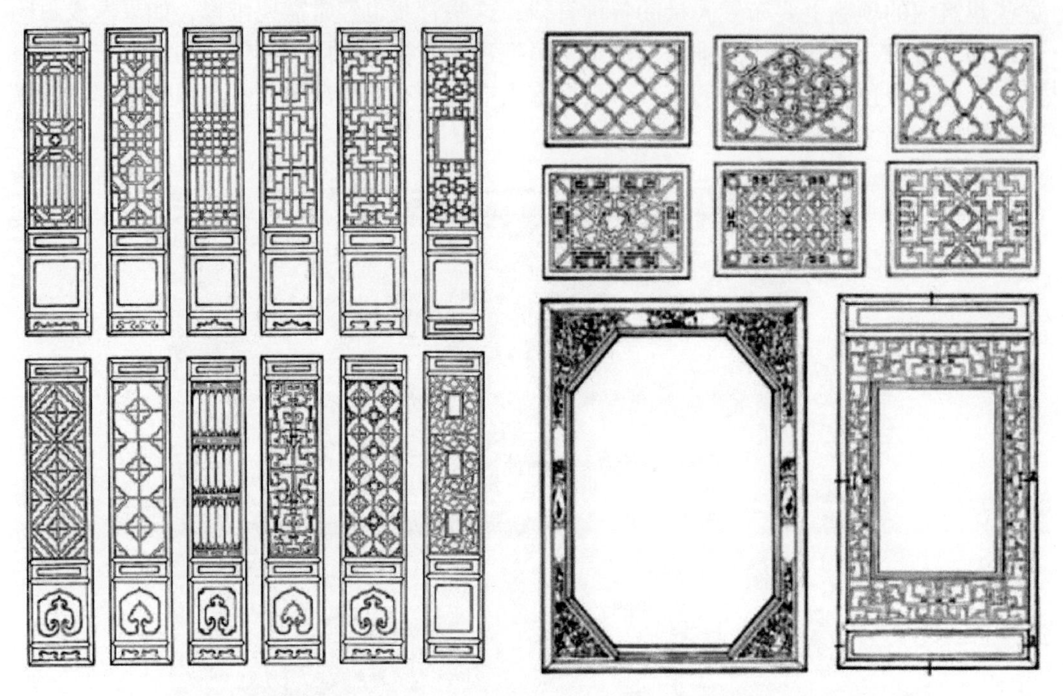

图 3-30　中式隔扇门　　图 3-31　中式窗

图 3-32　日式门窗

（3）欧洲教堂窗多用彩色玻璃镶嵌，玻璃装饰画面内容复杂、色彩浑厚丰富、色调统一协调，在壮观肃穆的气氛中，增添几分神秘色彩。

欧式门由门扇、门头、镶板、门楣、华盖、古典立柱、檐饰、支托等构件相互组合而成。简洁的门头常用小的齿饰块作为点缀，雕刻精美的门头、围绕门框的框缘线脚多采用丰富的雕刻、蛋饰、涡卷饰、串珠饰、交织凸起的带状装饰、连续的花卉或枝叶图案等装饰；重点装饰部位经常采用人物雕像、神话天使、鸟兽雕塑、器物等在两侧做重点装饰部件。图 3-33、图 3-34 所示为欧式门、窗。

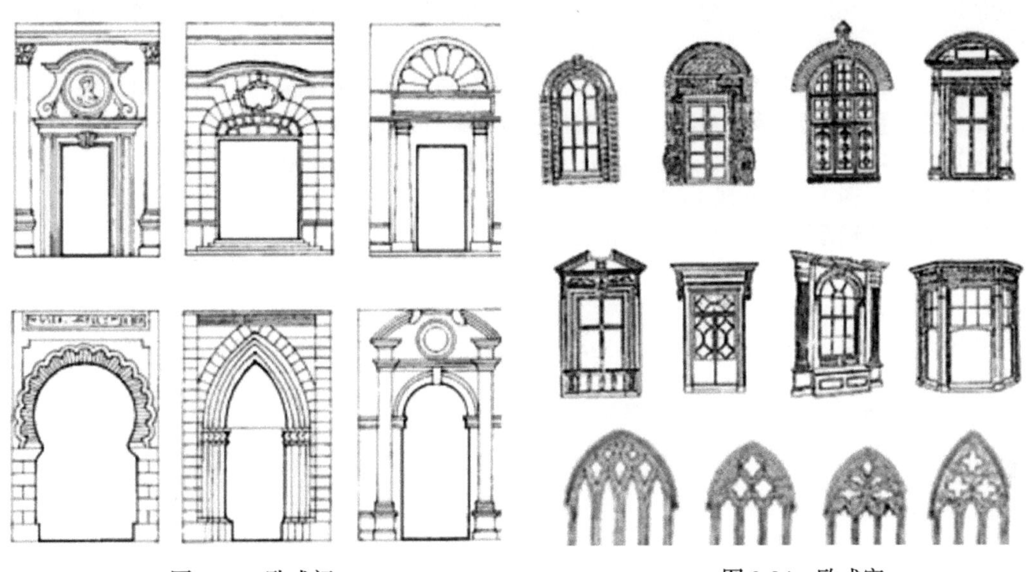

图 3-33 欧式门

图 3-34 欧式窗

3.6.3 门窗附件

门窗的附件有：

（1）门窗套：包括贴脸板和筒子板两部分，用来遮挡门窗框与墙面之间的缝隙，提高门窗密闭性，并起到很好的装饰作用。

（2）窗台板：在窗下槛内侧设窗台板，板厚 30~40mm，挑出墙面 30~40mm 或与墙内缘平齐。窗台板可以采用木板、大理石或其他人造板材。

（3）窗帘盒：悬挂窗帘时，为掩蔽窗帘棍和窗帘上部的挂环而设。

以上门窗附件也是门窗上的重要装饰构件。

实训练习 2 酒店大堂空间组织及界面装饰设计

实训目的：通过实训练习，进一步理解空间的类型和特点，理解界面与空间的关系，掌握室内空间组织及界面装饰的初步处理手法，并能灵活运用于各类建筑室内设计中。

实训项目：酒店大堂空间组织及界面装饰设计

大堂是酒店的窗口，是旅客对酒店形成第一印象的主要场所。大堂常设在底层，与门厅直接联系，并连接楼梯、电梯、餐厅、会议室等多个功能空间，具有接待服务、休息等功能。大堂内主要包括总服务台、大堂副理、休息区（音乐酒吧）、商务中心、自营商店及辅助用房等功能区。

实训内容：

（1）参观酒店大堂，对大堂的功能及分区、顾客的活动特点进行调研。

（2）由教师提供酒店的建筑平、立、剖面图，提出设计内容要求。除总服务台、大堂副理、休息区（音乐酒吧）、商务中心、自营商店、卫生间外，可根据具体情况设置中餐厅、西餐厅、会议室等与大堂相联系的公共空间。对大堂进行空间组织设计和界面装饰设计，可酌情考虑家具、陈设布置。

实训要求：

（1）识读建筑图，理解建筑师的设计意图，了解有关设计条件。

（2）合理组织大堂空间及与其他空间的联系，要求各功能区布局合理，分区明确，分隔手法运用恰当；流线组织合理，交通路线便捷，互不交叉；采用积极的空间引导和暗示手法，以加强各功能区之间的联系，尤其是总服务台等主要功能空间或电梯厅、楼梯间等交通枢纽与相关功能区的联系。

（3）界面设计应充分考虑酒店大堂的窗口作用和指定的装修标准，可结合灯具、家具、陈设、绿化的配置，创造华贵、高雅、风格突出、特色鲜明的环境氛围。

（4）要求绘制出酒店大堂空间组织及界面装饰的初步设计方案，包括：

1）平面布置图（1∶100或1∶50）。

2）顶棚平面镜像图（1∶100或1∶50）。

3）立面图（1∶100或1∶50）。

4）效果图。不少于一幅，比例自定，表现手法自选，要求透视正确，室内界面材料色彩、质感以及家具、绿化等表现准确、生动，室内环境气氛、空间尺度、比例关系等表达准确、恰当。

5）设计说明。

第 4 章 室内光环境设计 | CHAPTER 4

学习目标：通过本章的学习，掌握不同空间室内照明技术指标的控制，能够根据具体的空间环境进行灯具选择及室内光环境设计。

4.1 光的基本特性与视觉效应

就人的视觉来说，没有光也就没有一切。在室内设计中，光不仅是为满足人们视觉功能的需要，而且是一个重要的美学因素。光可以形成空间、改变空间，也可以破坏空间，它直接影响到人对物体大小、形状、质地和色彩的感知。近几年来的研究证明，光还影响细胞的再生长、激素的产生、腺体的分泌以及如体温、身体的活动和食物的消耗等生理节奏。因此，室内照明作为室内设计的重要组成部分之一，在设计之初就应该给予认真的考虑。

光像人们已知的电磁能一样，是一种能的特殊形式，人能看见的光实际是具有波状运动的电磁辐射的巨大连续统一体中很狭小的一部分。这种射线按其波长是可以度量的，它规定的度量单位是 nm（纳米），即 10^{-9}m。波长在 380~780nm 之间的电磁波，是人的肉眼可以看见的光，称为可见光。

1. 照度

照度是指被照物体单位面积上的光通量值，单位是 lx（勒克斯），它是决定被照物体明亮程度的间接指标。在一定范围内照度增加，可使人的视觉功能提高。合适的照度，有利于保护视力和提高工作与学习效率。在确定被照环境所需照度大小时，必须考虑到被观察物体的大小尺寸，以及它与背景亮度的对比程度的大小，所以均匀合理的照度是保证视觉的基本要求。

2. 亮度

亮度是指发光体在视线方向单位投影面积上的发光强度，单位是 cd/m^2（坎每平方米）。因此亮度与被照面的反射率有关。它还表示人的视觉对物体明亮程度的直观感受。例如在同样的照度下，白纸比黑纸看起来更亮。亮度还和周围环境的亮度有关，如同样的路灯，在白天几乎不被人注意，而在晚上就显得特别亮。因此，在室内照明设计中，应当注意保证不同区域亮度的合理分布。影响亮度的评价因素有很多，如照度、表面特性、人的视觉、周围背景、对物体注视的持续时间的长短等。

3. 光色

光色主要取决于光源的色温（K），光色还影响室内的气氛。色温低时，感觉温暖；色温高时，感觉凉爽。一般色温小于 3300K 为暖色，色温在 3300~5300K 之间为中间色，色温大于 5300K 为冷色。光源的色温应与其照度相适应，即随着照度增加，色温也应该相应提高。否则，在低色温、高照度下，会使人感到酷热；而在高色温，低照度下，会使人感到阴森的气氛。设计者应联系光源的光色、目的物的固有色和空间的形式三者的彼此关系，去判断其相互影响。

就眼睛接受各种光色所引起的疲劳程度而言，蓝色和紫色最容易引起疲劳，红色与橙色次之，蓝绿色和淡青色视觉疲劳度最小。生理作用还表现在眼睛对不同光色的敏感程度，如眼睛对黄色光最敏感，因此，黄色常用作警戒色。在装饰设计中，色彩处理除了合理的涂色以外，照明的光色和照度显得特别重要。只有在一定光谱组成的照明和足够的照度下，物体的色彩才能显现出其应有的魅力，否则将发生色彩的失真而破坏预期的设计效果。

另外，光的强度能影响人对色彩的感觉，如红色的帘幕在强光下更鲜明，而弱的光线将使蓝色和绿色更突出。设计者应有意识地去利用不同色光的灯具，调整使之创造出所希望的照明效果。如把点光源的白炽灯与中间色的高亮度荧光灯相配合使用。

光源的光色一般以显色指数（*Ra*）表示，*Ra* 最大值为 100，一般自然光才有这么高的显色指数，*Ra*>80 的人工光源显色性优良；*Ra* 为 79~50 的人工光源显色性一般；*Ra*<50 的人工光源显色性差。

为合理地运用照明色彩，表 4-1 列出了在不同人工照明下物体的不同色彩效果，以供照明色彩效果评价参考。

表 4-1　不同人工照明下物体的不同色彩效果

被照射物体固有色彩	冷光荧光灯	3500K 白光荧光灯	柔白色荧光灯	白炽灯
暖色（红、橙、黄）	使暖色冲淡、变灰	使暖色暗淡；使浅淡色及黄色带黄绿色	使鲜艳的暖色更为鲜艳、亮丽	使鲜艳的暖色更为鲜艳、亮丽
冷色（蓝、绿、黄绿）	使冷色中的蓝色和绿色成分加重	使冷色带灰，使冷色中的绿色成分加重	使浅色彩和浅蓝、浅绿等冲淡；使蓝色及紫色罩上一层粉色	使淡色、冷色暗淡及变灰

4. 材料的光学性质

光遇到物体后，某些光线被反射，称为反射光；光也能被物体吸收，转化为热能，使物体温度上升，并把热量辐射至室内外，被吸收的光就看不见；还有一些光可以透过物体，称为透射光。这三部分光的光通量总和等于入射光通量。

当光射到表面光滑的不透明材料上时，如镜面和光滑的金属表面，则产生定向反射，而产生镜面效果；如果光射到不透明的粗糙表面，则产生漫反射光，使材料看起来比较柔和或粗糙。材料的透明度导致透射光穿过物质以不同的方式透射，透射材料可以分为定向透射材料和非定向透射材料。定向透射材料如平板玻璃、有机塑料等；非定向透射材料如毛玻璃、玻璃砖、轧花玻璃等。在室内照明设计时要特别注意：定向反射材料会使室内产生眩光，因此应尽量避免在视平线范围内大面积使用该类材料；透射材料做室内隔断时对室内光环境会产生良好的影响。如当被隔断的空间需要从另一空间采光时，就可以用透射材料。

4.2　光源的类型和选择

4.2.1　光源的类型

现代室内设计中，光源分为自然光源和人工光源两种。

1. 自然光源

通常将室内对自然光源的利用，称为“采光”。自然采光可以节约能源，并且在人的视觉上更为习惯和舒适，心理上更能与自然接近、协调。因此，自然光是室内光环境的首选光源。

根据自然光的来源方向以及采光口在建筑物上所处的位置，采光一般分为侧面采光和顶部采光两种形式。

（1）侧面采光有单侧、双侧及多侧之分，而根据采光口高度位置不同，可分为高、中、低侧光。侧面采光可获得良好的朝向和室外景观，并且这样的采光有利于防晒。但侧面采光只能保证在有限进深内的采光要求（一般不超过窗高两倍），室内更深处则需要人工照明来补充。一般采光口置于1m左右的高度（也就是窗台的高度），但在有的场合为了利用更多墙面（如展厅为了争取较多展览面积或商场为了摆放更多的货架），将采光口提高到2m以上，这样的侧窗称为高侧窗。一般建筑物多采用侧面采光的形式，有的室内空间为了把室外优美的环境引入室内而采用落地窗的形式，如图4-1所示的著名建筑师密斯·凡德罗设计的范斯·沃斯住宅室内空间。

图4-1 范斯·沃斯住宅室内空间

（2）顶部采光是自然采光的基本形式之一，光线自上而下，照度分布均匀，光色较自然，亮度高，效果好。但上部容易积灰尘，这样照度会急剧下降；且由于垂直光源是直射光，容易在室内产生眩光，不具有侧向采光防晒的优点，故一般只常用于房屋进深大、空间广的大型车间、厂房、体育馆等。图4-2所示为结合结构构件用很深的龛孔来防晒的顶部采光。

图4-2 龛孔顶部采光

2. 人工光源

人工光源是夜间建筑物内的主要光源，同时又是白天室内光线不足时的重要补充。

人工照明具有使用功能和装饰功能两方面的作用，从使用功能上讲，建筑物内部的天然采光要受到时间和场合的限制，所以需要通过人工照明补充，在室内造成一个人为的光亮环境，满足人们视觉工作的需要；从装饰角度讲，除了满足照明功能之外，还要满足美观和艺术上的要求。在室内光环境设计中，这两方面是相辅相成的，应统一考虑。只是根据建筑功能不同，两者的比重各不相同，如工厂、学校等工作场所主要从功能方面来考虑，而在休息、娱乐场所，则更强调艺术效果和室内空间的气氛。室内空间常用的人工光源主要有：

（1）白炽灯。白炽灯是最早出现的电光源，它可以通过增加玻璃罩、漫射罩、反射板、透镜和滤光镜等方法控制光线照射方式。白炽灯光源小、价格便宜，光色最接近于太阳光的光色，具有多姿多彩的灯罩装饰形式，通用性大，彩色品种多；具有定向、散射、漫射等多种形式的光线照射方式。但白炽灯的光色偏暖，略带黄色光，有时不一定受欢迎；且发光效率低，仅为3~16lm/W；使用寿命相对较短，一般仅有1000h。

卤钨灯是一种特殊的白炽灯，其保持了白炽灯的优点，而且体积更小，光效是普通白炽灯的2倍，寿命长达1500~2000h。卤钨灯的色温特别适合舞台、剧场、画室、摄影棚等的照明。

（2）荧光灯。荧光灯是一种低压放电灯，其灯管内是荧光粉涂层，能把紫外线转变为可见光。颜色变化是由管内荧光涂层方式控制的。荧光灯的发光效率高，为40~50lm/W；寿命长，在5000h以上，呈线面型发光体。但受环境温度、湿度、电压等影响大，会有射频干扰，寿命受开关次数影响，频繁开关会缩短寿命，通电发光时间较长。

荧光灯按功率分为大功率和小功率两类，大功率灯管为65~125W，小功率灯管为4~40W。按灯管直径分为T5（15mm）、T8（25mm）、T10（32mm）、T12（38mm）四种。按形状分为直管形和环形两种，环形又有U形、H形、双H形、球形、SL形、ZD形等。按光色分为日光色（色温6500K）、冷白色（色温4300K）、暖白色（色温2900K）。

（3）LED光源。LED光源即发光二极管，是一种能发光的半导体电子元件。LED被称为第四代光源，它绿色环保，使用寿命长，可达10万h；光效高，电光转化率接近100%，工作电压低，仅3V左右；体积小，亮度高，发热少，坚固耐用，反复开关无损寿命；易于调光，色彩多样；光束集中稳定，启动无延时；但存在价格高、显色性差等缺点。

（4）高压气体放电灯。高压气体放电灯有高压钠灯、荧光高压汞灯、氙气灯、金属卤化物灯等。常用于室内照明的有高压钠灯和金属卤化物灯。

高压钠灯发金白色光，具有发光效率高、耗电少、寿命长、透雾能力强和不诱虫等优点。高显色高压钠灯可应用于体育馆、展览厅、娱乐场所、百货商店和宾馆等场所照明。

金属卤化物灯是在高压汞灯的基础上添加各种金属卤化物制成的第三代光源。它具有光效高、显色性能好、寿命长等特点，主要应用于体育场馆、展览中心、大型商场等场所的室内照明。

（5）霓虹灯。霓虹灯又称氖灯，是一种冷阴极放电灯，通过玻璃管内的荧光涂层和充满管内的各种混合气体形成色彩变化。霓虹灯亮度高，颜色鲜艳，且多达十多种，在夜间具有很好的装饰效果，多用于商业标志和艺术照明。

4.2.2 人工光源的选择

1. 满足照明要求

人工光源的选择首先应满足照明要求，如美术馆、商场、摄像室、转播室等对显色性能要求较高的空间，应选用显色指数不低于80的光源；美术馆、博物馆等展品的照明不能选择紫外线辐射量较大的光源；高大的空间可选择高强度气体放电灯；开关频繁、要求瞬间启动和连续调光的场所，应选用白炽灯和卤钨灯。

2. 满足环境条件要求

环境条件常常使一些光源的使用受到限制，如荧光灯的最适宜环境温度为20~25℃，相对湿度以60%为宜，环境湿度过大或频繁开关都影响其使用寿命；卤钨灯发热量大，灯丝细而脆，有震动或靠近易燃品的场所不宜采用。

3. 倡导绿色照明，合理选择光源

节约能源、保护环境是绿色照明设计的主旨，应积极采用高光效、低污染的电光源，提高照明质量；计算光源的初装成本、运行成本等投资费用，经济合理地选择光源。

4.3 室内照明的作用与形式

4.3.1 室内照明的作用

1. 丰富空间效果，营造空间气氛

运用灯光亮度、光色以及投射角度和范围等的变化手法，形成或强或弱、或明或暗、或隐或现、或动或静、或虚或实、或暖或冷的室内光环境效果，从而对人的生理和心理感受产生不同的影响，达到丰富室内空间、改善空间比例、渲染空间气氛的效果，营造出最佳的室内环境氛围。如光线较弱和位置较低的灯，可以使周围形成较暗的阴影，顶棚显得较低，使空间感觉更亲切，私密感加强。红、橙、黄等暖色调的色光能表现愉悦、温暖、奔放的气氛；而蓝、青、紫等冷色调则表现清爽、宁静、高雅、舒适等格调。如图4-3所示，舞厅内五光十色的灯光结合跳跃的音响效果，使空间显得欢乐、热烈。

图4-3 舞厅内的灯光

2. 加强空间感和立体感

恰当运用光照及阴影，可以改善空间感，加强立体感。常见的处理方法有：

（1）小空间应尽量把灯具藏进顶棚，宽敞的空间应把灯具露出来。

（2）用直射光线来强调顶棚和墙面，会使小空间变大；而要使大空间变小获得私密感，可用吊灯，或使四周墙面较暗，并用射灯强调重点。

（3）用向上的直射光线照在浅色的顶棚上，会使较低的空间显得高，如图4-4所示；相反用吊灯向下投射，则使较高的空间显得低。

（4）用灯光强调浅色的反射面会在视觉上延展一个墙面，从而使较窄的空间显得较宽敞；而采用深色的墙面，并用射灯集中照射会减少空间的宽敞感。

图4-4　用向上的直射光线照在浅色的顶棚上

（5）室内空间的开敞性与光的亮度成正比，亮度高的房间感觉要大一点，亮度低的房间感觉要小一点。

（6）充满房间的无形的漫射光，也使空间有无限的感觉；而直射光能加强物体的阴影，形成光与影的对比，能加强空间的立体感。

（7）以点光源直接照射在粗糙质地的墙面上，使墙面的质感更为加强。

（8）通过不同光的特性和室内亮度的不同分布，使室内空间显得比用单一性质的光更有生机。

（9）可以利用光的作用，来加强希望注意的地方，如趣味中心，也可以用来削弱不希望被注意的次要地方，从而进一步使空间得到完善和净化；如许多商店为了突出新产品，在那里用亮度较高的光重点照明，而相应地削弱次要部位的照明，获得了良好的照明艺术效果。

（10）底部照明，可使物体和地面"脱离"，形成悬浮的效果，而使空间显得空透、轻盈，如图4-5所示。

图4-5　底部照明

3. 塑造光影艺术

光与影是一种特殊性质的艺术，光与影的艺术魅力是难以用语言表达的。在室内照明设计时，应利用各种照明装置，在恰当的部位，以生动的光影效果来丰富室内的空间，如墙面泛光；利用点光源通过彩色玻璃照射在室内界面上，产生各种形状的色斑和色块来装饰室内界面；或用不同光色的光照射在室内界面上，构成光怪陆离的抽象或具体的光影图案，如图4-6、图4-7所示。

图 4-6 塑造光影艺术（一）

图 4-7 塑造光影艺术（二）

4.3.2 室内照明的形式

裸露的光源不加处理，既不能充分发挥光源的效能，也不能满足室内照明环境的需要，有时还能引起眩光。但是，如果漫射光过多，也会由于缺乏明暗对比而造成室内气氛平淡，甚至因其不能加强物体之间的体量关系而影响人对空间的正确判断。

因此，利用不同材料的光学特性，利用材料的透明、不透明、半透明以及不同表面质地，制成各种各样的照明设备和照明装置，重新在室内空间分配照度和亮度，根据不同的需要来改变光的发射方向和性能，是室内照明应该研究的主要问题。

1. 按产生的光线分类

照明用光随灯具品种和造型不同，产生不同的光照效果。其所产生的光线，可分为直射光、反射光和漫射光三种。

（1）直射光。直射光是光源直接照射到工作面上的光，其照度高，电能消耗少，为了避免光线直射到人眼产生眩光，通常需用灯罩相配合，把光集中照射到工作面上。其中，直接照明有广照型、中照型和深照型三种。

（2）反射光。反射光是利用光亮的镀银反射罩做定向照明，使光线受下部不透明或半透明的灯罩的阻挡，光线全部或一部分反射到顶棚和墙面上，然后再向下反射到工作面上。这类光线柔和，视觉舒适，不易产生眩光。

（3）漫射光。漫射光是利用磨砂玻璃罩、乳白灯罩，或特制的格栅，使光线形成多方向的漫射；或者是由直射光、反射光混合的光线。漫射光的光质柔和，而且艺术效果颇佳。

在室内照明中，上述三种光线有不同的用处，由于它们之间不同比例的配合而产生了多种照明方式。

2. 按灯具的散光方式分类

（1）间接照明。由于将光源遮蔽而产生间接照明，把 90%~100% 的光射向顶棚、穹顶或其他表面，从这些表面再反射到下面的室内空间中。当间接照明紧靠顶棚，几乎可以造成无阴影时，是最理想的整体照明。从顶棚和墙上端反射下来的间接光，会造成顶棚升高的错觉，但单独使用间接光，则会使室内平淡无趣；上射照明是间接照明的另一种形式，筒形的上射灯可以用于多种场合，如在房角地上、沙发的两端、沙发底部和植物背后等处。上射照明还能对准一个雕塑或植物，在墙上或顶棚上，形成有趣的影子。

（2）半间接照明。半间接照明将 60%~90% 的光向顶棚或墙的上部照射，把顶棚作为主要的反射光源，而将 10%~40% 的光直接照于工作面。从顶棚来的反射光，趋向于软化阴影和改善亮度比。由于光线直接向下，照明装置的亮度和顶棚亮度接近相等。具有漫射的半间接照明灯具，更适于阅读和学习。

（3）直接间接照明。直接间接照明装置对地面和顶棚提供近于相同的照度（均为 40%~60%），而周围光线只有很少一点，这样就使得在直接眩光区的亮度是低的。这是一种同时具有内部和外部反射灯泡的装置，如某些台灯和落地灯能产生直接间接光和漫射光。

（4）漫射照明。这种照明装置对所有方向的照明几乎都一样，为了控制眩光，漫射装置圈要大，灯的瓦数要低。

上述四种照明，为了避免顶棚过亮，下吊的照明装置上沿至少低于顶棚 30~46cm。

（5）半直接照明。在半直接照明灯具装置中，有 60%~90% 的光向下直接射到工作面上，而其余 10%~40% 的光则向上照射，由下射照明软化阴影的光的百分比很少。

（6）宽光束的直接照明。具有强烈的明暗对比，并可造成有趣生动的阴影，由于其光线直射于目的物，如不用反射灯泡，则产生强的眩光。鹅颈灯和导轨式照明属于这一类。

（7）高集光束的下射直接照明。因高度集中的光束而形成光焦点，可用于突出光的效果和突出重点的作用，也可提供在墙上或者在其他垂直面上有充足的照度，但还应防止过高的亮度比。

3. 按照明的布局形式分类

按照明的布局形式分为三种，即基础照明、重点照明和装饰照明。

（1）基础照明（又称整体照明）。所谓基础照明，是指在大空间内全面的、基本的照明，能与重点照明的亮度有适当的比例，给室内形成一种格调。基础照明是最基本的照明方式，除注意水平面的照度外，更多应用的是垂直面的亮度。一般选用比较均匀的、全面性的照明灯具。

（2）重点照明（又称局部照明）。重点照明是指对主要场所和对象进行的重点投光。如商店商品陈设架或橱窗的照明，目的在于增强顾客对商品的吸引力和注意力，其亮度是根据商品种类、形状、大小以及展览方式等确定的。一般使用强光来加强商品表面的光泽，强调商品形象。其亮度是基础照明的 3~5 倍。为了加强商品的立体感和质感，常使用方向性强的灯和利用色光以强调特定的部分。图 4-8 所示为商店橱窗的重点照明。

（3）装饰照明（又称成角照明）。为了对室内进行装饰，增加空间层次，营造环境气氛，常用装饰照明，一般使用装饰吊灯、壁灯、挂灯等图案形式统一的系列灯具。这样可以使室内的灯具形式繁而不乱，并渲染了室内环境气氛，更好地表现具有强烈个性的空间艺术，如图 4-9 所示。值得注意的是，装饰照明只能以装饰为目的独立照明，不兼作基础照明或重点照明，否则会有损精心制作的灯具形象。

图 4-8　商店橱窗的重点照明

图 4-9　装饰照明

另外，在设计这三种照明的布局形式时，一般是综合使用，才能使室内空间氛围丰富有趣。三者在具体照度分配上，基础照明 : 重点照明 : 装饰照明 =1 : 3 : 5。当然，也可以根据空间的性质要求来具体安排，如超市内一般以明亮的基础照明为主，而在一些服饰专卖店则以装饰照明为主。

4.4　室内照明设计

4.4.1　室内照明设计的原则

1. 实用性

室内照明应保证规定的照度水平，满足工作、学习和生活的需要，设计应从室内整体环境出发，全面考虑光源位置、光线的质量、光线的投射方向和角度等因素，使室内空间的功能、使用性质、空间造型、室内色彩、室内家具与陈设等因素相互协调，以取得整体统一的室内环境效果。

2. 安全性

一般情况下，线路、开关、灯具的设置都需要有可靠的安全措施，诸如配电盘和分线路等一定要有专人管理，电路和配电方式要符合安全标准，不允许超载，在危险的地方要设置明显标志，以防止漏电、短路等火灾和伤亡事故发生。

3. 经济性

照明设计的经济性有两个方面的意义，一是采用先进技术，充分发挥照明设施的实际效果，尽可能以较少的投入获得较大的照明效果；二是在确定照明设计时，要符合我国当前在电力供应、设备和材料方面的生产水平。

4. 艺术性

如前所述，室内照明具有装饰室内空间、美化室内环境的作用，并且有助于丰富室内空间，形成一定的室内环境气氛。

4.4.2 室内照明设计的基本要求

1. 照度标准

照明设计时应有一个合适的照度值，照度值过低，不能满足人们正常工作、学习和生活的需要；照度值过高，容易使人产生疲劳，影响健康。照明设计应根据空间使用情况，符合现行《建筑照明设计标准》（GB 50034）规定的照度标准。表 4-2 为住宅建筑照明的照度标准值。表 4-3 为办公建筑照明的照度标准，表 4-4 为商业建筑照明的照度标准。

表 4-2 住宅建筑照明的照度标准值

房间或场所		参考平面及其高度	照度标准值 /lx	*Ra*
起居室	一般活动	0.75m 水平面	100	80
	书写、阅读		300*	
卧室	一般活动	0.75m 水平面	75	80
	床头、阅读		150*	
餐厅		0.75m 餐桌面	150	80
厨房	一般活动	0.75m 水平面	100	80
	操作台	台面	150*	
卫生间		0.75m 水平面	100	80
电梯前厅		地面	75	60
走道、楼梯间		地面	50	60
车库		地面	50	60

注：* 指混合照明照度。

表 4-3 办公建筑照明的照度标准

房间或场所	参考平面及其高度	照度标准值 /lx	*UGR*	U_0	*Ra*
普通办公室	0.75m 水平面	300	19	0.60	80
高档办公室	0.75m 水平面	500	19	0.60	80
会议室	0.75m 水平面	300	19	0.60	80
视频会议室	0.75m 水平面	750	19	0.60	80
接待室、前台	0.75m 水平面	200	—	0.40	80
服务大厅、营业厅	0.75m 水平面	300	22	0.40	80
设计室	实际工作面	500	19	0.60	80
文件整理、复印、发行室	0.75m 水平面	300	—	0.40	80
资料、档案存放室	0.75m 水平面	200	—	0.40	80

注：此表适用于所有类型建筑的办公室和类似用途场所的照明。

表 4-4 商业建筑照明的照度标准

房间或场所	参考平面及其高度	照度标准值 /lx	*UGR*	U_0	*Ra*
一般商店营业厅	0.75m 水平面	300	22	0.60	80
一般室内商业街	地面	200	22	0.60	80

（续）

房间或场所	参考平面及其高度	照度标准值 /lx	*UGR*	U_0	*Ra*
高档商店营业厅	0.75m 水平面	500	22	0.60	80
高档室内商业街	地面	300	22	0.60	80
一般超市营业厅	0.75m 水平面	300	22	0.60	80
高档超市营业厅	0.75m 水平面	500	22	0.60	80
仓储式超市	0.75m 水平面	300	22	0.60	80
专卖店营业厅	0.75m 水平面	300	22	0.60	80
农贸市场	0.75m 水平面	200	25	0.40	80
收款台	台面	500*	—	0.60	80

注：* 指混合照明照度。

2. 照明位置

人们习惯将灯具安放在房子的中央，其实这种布置方式并不能解决实际的照明问题。正确的灯光位置应与室内人们的活动范围以及家具的陈设等因素结合起来考虑，这样，不仅满足了照明设计的基本功能要求，同时加强了整体空间意境。此外，还应把握好照明灯具与人的视线及距离的合适关系，控制好发光体与视线的角度，避免产生眩光，减少灯光对视线的干扰。如在现代室内空间中大量使用的下射灯，就很好地解决了眩光问题。

3. 照明的投射范围

灯光照明的投射范围是指保证被照对象达到照度标准的范围，这取决于人们室内活动作业的范围及相关物体对照明的要求。投射面积的大小与发光体的强弱、灯具外罩的形式、灯具的高低位置及投射的角度相关。照明的投射范围使室内空间形成一定的明暗对比关系，产生特殊的气氛，有助于集中人们的注意力，例如剧院演出时灯光集中在舞台上，观众席成了暗区，把观众的注意力全部集中到舞台，烘托整个剧场的演出气氛。因此，在进行设计时，必须以具体用光范围为依据，合理确定投射范围，并保证照度。即使是装饰性照明，也应根据装饰面积的大小进行设计。

4.4.3 室内照明设计的照明质量要求

高质量的照明效果是获得良好、舒适光环境的根本，在进行室内照明设计时，除了考虑前面提到的照度、亮度、显色性等因素外，还应做到以下几点：

（1）防止产生眩光。眩光是指视野内出现过高亮度或过大的亮度对比所造成的视觉不适或视力降低的现象，图 4-10 所示为眩光的产生与人视野的关系。例如，在白天看太阳，由于它的亮度太大，眼睛无法适应，睁不开眼。又如，在晚上看路灯，明亮的路灯衬上漆黑的夜空，黑白对比太强，同样感到刺眼。在室内照明设计中，应尽量避免出现眩光。

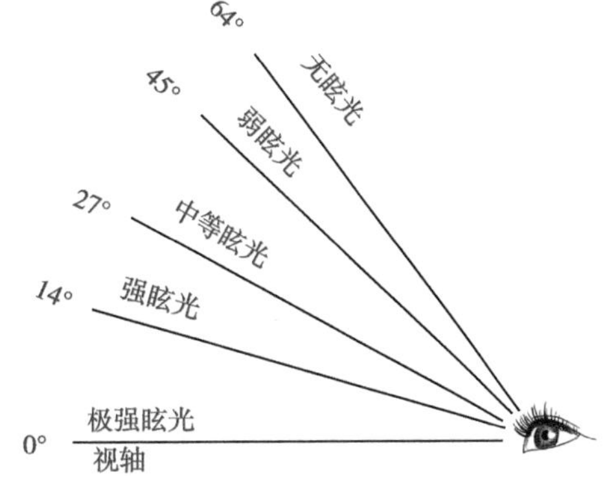

图 4-10　眩光的产生与人视野的关系

眩光有两种形式，即直射眩光和反射眩光。由高亮度的光源发出的光线直接进入人的眼睛所引起的眩光，称为直射眩光；光线通过光泽度较高的装饰材料表面的反射进入人的眼睛所引起的眩光，称为反射眩光。因此，在室内灯光设计中，除应限制直射眩光的出现外，同时还要注意避免由于光泽度较高的装饰材料（如镜面、不锈钢等）的不恰当使用可能造成的反射眩光现象的出现。

产生眩光的因素主要是光源的亮度、背景亮度、灯的悬挂高度以及灯具的保护角。由此，可采取以下办法来控制眩光现象的发生：

1）限制光源亮度或降低灯具表面亮度。对光源可采用磨砂玻璃或乳白玻璃的灯具，也可采用透光的漫射材料将灯泡遮蔽。

2）可采用具有较大保护角灯罩的灯具，图 4-11 所示为遮光罩的遮光范围。

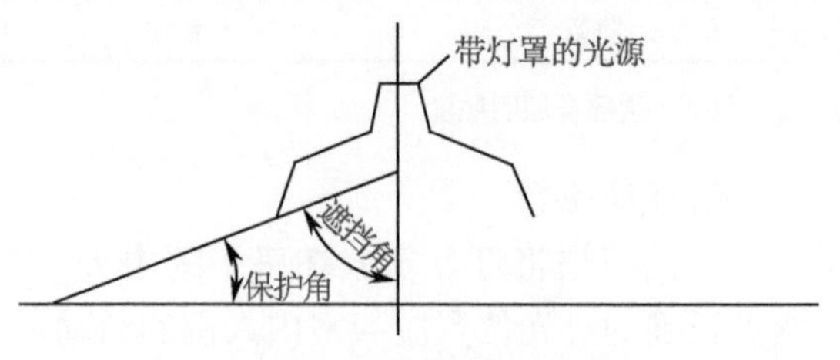

图 4-11　遮光罩的遮光范围

3）合理布置灯具位置和选择适当的悬挂高度。灯具的悬挂高度增加后，眩光的作用就会减少；当灯光与人眼的连线和人眼所在的水平面间形成的角度大于 45° 时，眩光现象也就大大减弱了。当然，这种方式通常受房屋层高的限制，并且灯具安装过高对工作面照度也不利，所以通常应与具有较大保护角灯罩的灯具结合使用，来减少眩光。图 4-12 所示表示了人眼、工作面与灯具的位置关系。

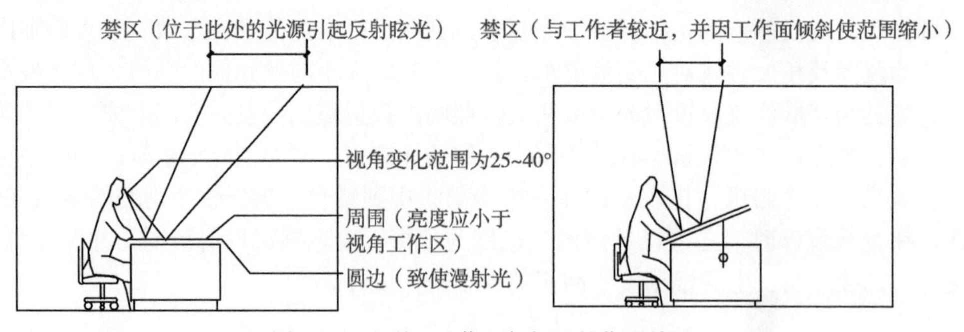

图 4-12　人眼、工作面与灯具的位置关系

4）适当提高环境亮度，减少室内环境中各照明区的亮度对比，特别是减少工作对象或工作面与其直接相邻的背景间的亮度对比。

5）根据室内功能，通过分析人流路线，在人的视觉范围内，特别是在视平线上下范围内，采用无光泽的室内装饰材料。另外，在有些情况下，也可以利用眩光设计室内照明，造成一种金碧辉煌的室内气氛。如在酒店的大堂顶棚上安装的水晶吊灯，由于其安装位置比较高，所以不会给人造成视觉上的不舒适感。

（2）合理处理阴影。在工作物件或其附近出现阴影，会造成视觉的错觉现象，增加视觉负担，影响工作效率，因此在设计中应予以避免。一般可采用扩散性灯具或在布置灯具时，通过调整光源位置，增加光源数量等措施加以解决。如医院手术室的无影灯，就是通过增加光源的数量，达到无影的效果。但在室内的艺术化照明中，又可以通过阴影加强空间和被照形体的立体感。如室内雕塑品、商品的照明，就可通过顶光、侧光、底光照射使其立体感更强，形成有趣的室内照明效果。

（3）照度的稳定性。供电电压的波动使照度发生变化，从而影响视觉功能。故控制灯端电压不低于额定电压的下列值：白炽灯和卤钨灯，97.5%；气体放电灯，95%。如果达不到上述要求，可将照明供电电源与有冲击负荷的供电线路分开，也可考虑采取稳压措施。

（4）消除频闪效应。在交流电路中，气体放电灯（如荧光灯）发出的光通量是随着电压的变化而波动的，因而在观察移动的物体时，特别是高速旋转的物体时，会出现视觉失真现象，这样容易使人产生错觉，甚至会引发安全事故，因此，气体放电光源不能用于物体高速转动或快速移动的场所。消除频闪效应的办法是将相邻灯管（泡）或灯具，分别接到不同的相位线路上，例如采用三相电源分相给三组灯管的荧光灯供电，使其频闪频率不一致，而相互消减频闪。

4.4.4 灯具的类型与选择

1. 灯具的类型

人工照明离不开灯具，灯具在为室内环境提供适宜的光照条件和光环境氛围的同时，其自身也是室内重要的陈设品，起到装饰空间、美化环境的作用。尤其随着光源类型、灯具材料与灯具设置方式的发展变化，灯具的类型也千变万化，丰富多彩。图 4-13 所示为灯具的类型举例。

图 4-13　灯具的类型举例

（1）按用途分类。灯具可分为功能性灯具、装饰性灯具、特殊用途灯具（应急灯、标志灯等）。

（2）按构造形式及安装位置分类

1）吊灯。吊灯是从顶棚悬吊下来的照明工具。大部分吊灯带有灯罩，灯罩常用金属、玻璃、塑料以及木材等材料制成。用作普通照明时，多悬挂在距地面 2.1m 以上处；用作局部照明时，大多悬挂在距地面 1~1.8m 处。

吊灯的造型、大小、质地、色彩对室内气氛会有影响，在选用时一定要与室内环境相协调。例如，古色古香的中国式房间应配具有中国古老气息的吊灯，西餐厅应配西欧风格的吊灯（如蜡烛吊灯、古铜色灯具等），而现代派居室则应配几何线条简洁明朗的灯具。

2）吸顶灯。吸顶灯是直接安装在顶棚上的一种固定式灯具，作为室内一般照明用。吸顶灯种类繁多，但可归纳为以白炽灯为光源的吸顶灯和以荧光灯为光源的吸顶灯。以白炽灯为光源的吸顶灯，灯罩用玻璃、塑料、金属等不同材料制成。用乳白色玻璃、喷砂玻璃或彩色玻璃制成的不同形状（长方形、球形、圆柱体等）的灯罩，不仅造型大方，而且光色柔和；用塑料制成的灯罩，大多是开启式的，形状如盛开的鲜花或美丽的伞顶，给人一种兴奋感；用金属制成的灯罩给人感觉比较庄重。以荧光灯为光源的吸顶灯，大多采用有晶体花纹的有机玻璃罩和乳白玻璃罩，外形多为长方形。吸顶灯多用于整体照明，在办公室、会议室、走廊等地方经常使用。

3）嵌入式灯具。嵌入式灯具是嵌在装修层里的灯具，具有较好的下射配光，灯具有聚光型和散光型两种。聚光型灯具一般用于局部照明要求的场所，如金银首饰店，商场货架等处；散光型灯具一般多用作局部照明以外的辅助照明，如宾馆走道、咖啡馆走道等。

4）壁灯。壁灯是一种安装在侧界面及其他立面上的灯具，用作补充室内一般照明。壁灯具有很强的装饰性，可以使平淡的墙面变得光影丰富。壁灯的光线比较柔和，作为一种背景灯，可使室内气氛显得优雅，常用于大门口、门厅、卧室、公共场所的走道等。壁灯安装高度一般为 1.8~2m，不宜太高，同一表面上的灯具高度应该统一。

5）台灯。台灯主要用于局部照明。书桌上、床头柜上和茶几上都可用台灯。它不仅是照明器具，又是很好的装饰品，对室内环境起美化作用。

6）立灯。立灯又称落地灯，也是一种局部照明灯具。它常摆设在沙发和茶几附近，作为待客、休息和阅读照明。

7）轨道射灯。轨道射灯由轨道和灯具组成。灯具沿轨道移动，灯具本身也可改变投射的角度，是一种局部照明用的灯具。其主要特点是可以通过集中投光以增强某些特别需要强调的物体。已被广泛应用在商店、展览厅、博物馆等室内照明，以增加商品、展品的吸引力。它也正在走向人们的家庭，如壁画射灯、床头射灯等。

2. 灯具的选择

（1）灯具选择应符合室内空间的使用性质和功能要求，尤其是一些特殊的使用场所，应考虑灯具的使用条件，如是否有防爆、防潮、防雾等要求。

（2）灯具的规格、尺度应与所用的空间相配，以保证良好的空间感受和气氛，如图 4-14 所示。

（3）灯具的造型应与建筑空间的风格相协调，质地应有助于增进室内环境的艺术气氛。

（4）要注意体现民族风格和地区特点。在民族性和地区性较强的建筑中，应力求采用一些能够体现民族风格和地区特点的灯具。

（5）安装方便，经济合理。应避免豪华灯具的滥用。

图 4-14　灯具的规格、尺度与所用的空间相配

4.4.5　建筑化照明方式

所谓建筑化照明，就是把建筑装饰和照明融为一体。建筑化照明是结合建筑物装饰造型，来安装光源或照明器具，利用建筑物的装饰面来反射光线或透射光线。这种照明方式不但有利于利用顶面结构和装饰顶棚之间的巨大空间，隐藏各种照明管线和设备管道，而且可使建筑照明成为整个室内装修设计的有机组成部分，达到室内空间完整统一的效果，如图 4-15 所示。建筑化照明的形式有以下几种。

图 4-15　建筑化照明方式

1. 窗帘照明

将荧光灯管安置在窗帘盒背后，内漆白色以利反光，光源的一部分射向顶棚，一部分向下照在窗帘或墙上，在窗帘顶和顶棚之间至少应有 25.4cm 的空间，窗帘盒把照明设备和窗帘顶部隐藏起来。

2. 花檐反光

用作整体照明，檐板设在墙和顶棚的交接处，至少应有 15.24cm 的深度，荧光灯板布置在檐板之后，常采用较冷的荧光灯管，这样可以避免任何墙的变色。为了有最好的反射光，面板应涂以反光的白色，花檐反光对引人注目的壁画、图画、墙面的质地是最有效的，在低顶棚的房间中特别建议采用。因为它可以给人顶棚高度较高的印象。

3. 发光面板

发光面板可以用在墙面、地面、顶棚或某一独立装饰单元上，它将光源隐蔽在半透明的板后，如图 4-16 所示。发光顶棚是常用的一种，广泛用于厨房、浴室或其他

图 4-16　发光顶棚

工作区域，为人们提供一个舒适的无眩光的照明空间。但发光顶棚有时会使人感觉好像处于有云层的阴暗天空之下，造成不舒服的感觉。在教室、会议室或其他类似空间采用时要谨慎。因为发光顶棚迫使人眼睛引向下方，这样就容易使人处于睡眠状态。

4. 满天星照明

满天星照明即整个顶棚根据一定间距在稍上凹的槽内装上点状的灯具，或在其下边装上搁栅的照明。扩散光受搁栅结构的影响，靠搁栅的反射率可调整顶棚的亮度。但在反射率低的情况下，搁栅效率低，工作面的照度也变低，所以应该注意。

5. 凹槽口照明

这种槽形装置通常靠近顶棚，使光向上照射，提供全部漫射光线，有时也称为环境照明。由于亮的漫射光引起顶棚表面似乎有退远的感觉，使其能创造开敞的效果和平静的气氛，光线柔和。此外，从顶棚射来的反射光，可以缓和在房间内直接光源的热的集中辐射。不同距离的凹槽口照明布置如图 4-17 所示，扩散板可以降低眩光。现代室内顶棚装修中的分层式顶棚的照明常采用此种建筑照明方式。

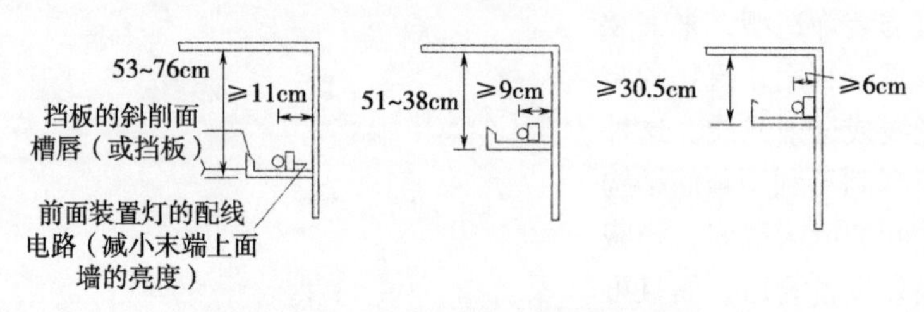

图 4-17　不同距离的凹槽口照明布置

6. 泛光照明

加强垂直墙面上照明的过程称为泛光照明，起到柔和质地和阴影的作用。在现代室内装饰中，它是一种装饰墙面及在墙面上装饰物的一种主要照明方式。泛光照明可以有许多方式。如图 4-18 所示为泛光照明的几种方式。

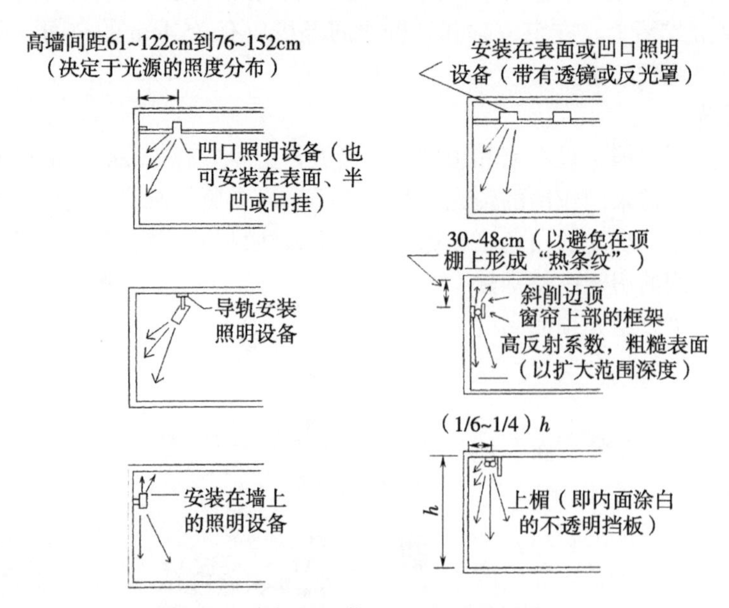

图 4-18　白炽灯和荧光灯的泛光照明方式

7. 导轨照明

现代室内常用导轨照明，它包括一个凹槽或装在面上的电缆槽，灯支架就附在上面，布置在轨道内的圆辊可以很自由地转动，轨道可以连接或分段处理，做成不同的形状。这种灯能用于强调或强化质地和色彩，主要决定于灯具所在位置和角度，要保持其效果最好。离墙远时，使光有较大的伸展，如欲加强墙面的光辉，应布置在离墙15.24~20.32cm处，这样能创造视觉焦点和加强质感，常用于艺术照明。

8. 龛孔照明

将光源隐蔽在凹处，这种照明方式包括提供集中照明的嵌板固定装置，可为圆的、方的、矩形的金属盒，安装在顶棚或墙内。如图4-19所示，该室内空间结合顶棚的装饰形式，在龛孔内安设灯具。

图4-19 龛孔照明

9. 人工窗

人工窗即安装在地下室或没有窗的房间，恰如窗子一样的照明。它适用于书房、显示器室、展览室等处。人工窗是在推拉窗或乳白的透光板里面安装所需数量的灯具。

实训练习3 某宾馆大堂的光环境设计

实训题目：某宾馆大堂的光环境设计

实训内容：

（1）组织学生参观星级宾馆大堂，感受大堂的照明效果，分析大堂的照明特点。

（2）参观灯具商店，调研市场中灯具的品种、造型及风格、光照效果、价位等，以便选择与大堂照明设计相匹配的灯具。

（3）有条件的院校，可通过光学试验，使学生对光的照度、亮度、光色等的变化有一个明确的感性认识。

（4）在上次实训练习的基础上，即以大堂空间组织与界面装饰设计方案为基础，进一步完成大堂的光环境设计。

实训要求：

（1）注意灯光与大堂各功能区域的关系，通过灯光亮度、光色的变化及灯具配置来虚拟分隔空间，强化空间，突出主体空间。

（2）注意灯光与人流路线的关系，可利用灯光的变化、灯具的布置形式等暗示，引导人到相应的功能区域，并避免在人流路线上产生眩光。

（3）要充分考虑白天自然采光时的光环境，并注重晚间全部为人工照明时的光环境设计，营造出风格突出、特色鲜明、高雅华贵的室内空间效果。

（4）灯具的配置应与大堂空间的整体风格和环境氛围相协调，并结合大堂空间界面的处理来布置灯具。

（5）要求完成大堂光环境设计方案图，图样包括：

1）平面图、立面图（1∶50~1∶100）。

2）顶棚镜像平面图，主要表现灯具的布置（1∶50）。

3）灯具大样图和构造详图（1∶20~1∶30）。

4）大堂效果图两幅（白天与夜晚效果各一幅），表现手法自定，比例自定。局部效果图不限。

5）设计说明。

第 5 章　室内色彩设计 | CHAPTER 5

学习目标：通过本章的学习，了解色彩的基本概念，了解色彩的作用和效果，掌握材质、光照对色彩效果的影响。掌握室内色彩设计的基本原则和方法。

5.1　色彩的基本概念

5.1.1　光与色

光是一种电磁波，又称为光波。17 世纪，英国物理学家牛顿用三棱镜将白光分解成红、橙、黄、绿、青、蓝、紫各种颜色的光，这就是人类眼睛所能看到的区域，即从波长约 380nm 的紫色光波到波长约 780nm 的红色光波之间，它们称为可见光。而紫光、红光以外的紫外线、红外线等均为不可见光，通过仪器才能观测到。当光刺激人眼视网膜时形成色彩感觉，所以，色彩是一种视知觉，是光作用于人眼睛的结果，没有光就没有色彩。

5.1.2　色彩三要素

世界上几乎没有相同的色彩，根据人自身的条件和观看的条件，我们大约可看到 200 万到 800 万个颜色，各种色彩现象都具有色相、明度和纯度三种性质，即色彩三要素。

1. 色相

色相即色彩的相貌，是区别色彩种类的名称。不同波长的可见光给人不同的色彩感受，红、橙、黄、绿、蓝、紫等各代表一类具体的色相，它们之间的差别属于色相差别。

2. 明度

明度即色彩的明暗程度，任何色彩都有自己的明暗特征。从光谱上可以看到最明亮的是黄色，最暗的是紫色。越接近白色明度越高，越接近黑色明度越低。任何色彩加入白色则明度提高，加入黑色则明度降低。明度在色彩三要素中可以不依赖于其他性质而单独存在，任何色彩都可以还原成明度关系来考虑，黑白之间可以形成许多明度台阶。

3. 纯度

纯度即色彩的鲜艳度，或称色彩的纯净饱和程度。从科学的角度看，一种颜色的鲜艳度取决于这一色相发射光的单一程度。在日常的视觉范围内，眼睛看到的色彩绝大多数是含灰的色，也就是不饱和的色。同一色相即使纯度发生了细微的变化，也会带来色彩性格的变化。

5.1.3　光源色、物体色、固有色、环境色

1. 光源色

各种光源发出的光谱是不同的，所含各波长的光波比例不同、强弱不同，从而呈现

出不同的色光，称为光源色。如白炽灯泡的光因所含黄色和橙色波长的光波较多而呈现黄色，普通荧光灯发出的光含蓝色波长的光波较多则呈蓝色。

2. 物体色

通常人们看到的非发光物体的颜色，取决于物体吸收、反射或透射的色光，称为物体色。物体色不是一成不变的，光源色的改变会使物体色发生变化。

3. 固有色

固有色是指物体在正常的白色日光下所呈现的色彩特征，由于它具有普遍性，便在人们的知觉中形成了对某一事物特定的色彩印象。如大海是蓝的、树木是绿的、苹果是红的，香蕉是黄的。但实际上，太阳光也是变化的，因此固有色也是相对的概念，不过人们在生活中需要一个相对稳定、来自以往经验的色彩印象。

4. 环境色

任何物体都不是孤立存在的，物体必然会受到周围环境物体色的影响，并带来色彩变化，这种能引起物体色彩变化的环境物体色就是环境色。

由此可见，我们觉察到的任何物体的颜色实际上都是在一定光源色照射下，受环境色影响的物体色的反映，但固有色对人的影响也是显著的。

5.2 色彩的作用和效果

5.2.1 色彩的物理作用

任何物体都呈现出一定的色彩，从而形成五彩缤纷的物质环境。色彩可以影响人们的视觉效果，使物体的尺度、冷暖、远近、轻重等在人的主观感受中发生一定的变化，这就是色彩的物理作用和效果。

1. 温度感

在色彩学中，色彩分为冷色系和暖色系，红、橙、黄等为暖色系，青、蓝等为冷色系。暖色如红、黄使人联想到太阳、火等，感觉温暖，而冷色如蓝色使人联想到海洋，感觉凉爽。色彩的冷暖与明度、纯度也有关，高明度的色一般有冷感，低明度的色一般有暖感；高纯度的色一般有暖感，低纯度的色一般有冷感。无彩色系中白色有冷感，黑色有暖感，灰色属中性。

色彩的冷暖是相对的，如红色与红橙色相比，红色偏冷，而红色与紫红色相比，红色较暖。绿色与蓝色相比，绿色较暖，而与黄色相比时，绿色偏冷。

在建筑装饰设计中，可以利用色彩的物理作用调节空间的温度感，如在炎热的夏天，可以青、蓝等冷色作为居室的主色调，从而使人获得清凉、舒爽感。

2. 距离感

色彩可以使人产生进退、凹凸、远近等不同感受，即色彩的距离感。

一般而言，色彩的距离感与色相有关，暖色系的色彩具有前进、凸出、拉近距离的效果，而冷色系的色彩具有后退、凹进、远离的效果。如在同一白墙上两个相同的红色圆与蓝色圆，红色圆感觉比蓝色圆离我们近。

色彩的距离感与明度及纯度也有一定关系。高明度、高纯度的色彩有前进、凸出感，低明度、低纯度的色彩有后退、凹陷感。

因此，可以利用色彩的这一物理作用来改善、修正空间的形态或比例关系。例如，要修正房间过于狭长的缺陷，不妨在两侧短墙上用暖色，两侧长墙上用冷色，从而使空间形态得到视觉上的改善。

3. 重量感

色彩的重量感主要取决于明度和纯度。首先是明度，明度高的色彩感觉轻，如桃红、浅黄色。明度低的色彩感觉重，如黑色、熟褐色等。其次是纯度，在同明度、同色相的条件下，纯度高的感觉轻，纯度低的感觉重。当然，在色相方面也有一定差异，暖色感觉较轻，冷色感觉较重。

因此，在一般情况下，室内空间的顶棚宜采用浅色，地面宜采用稍重一些的色彩，以避免头重脚轻的感觉。

4. 尺度感

色彩的尺度感主要取决于明度和色相。暖色和高明度的色彩具有扩散、膨胀的作用，而冷色和低明度的色彩则具有内聚、收缩的作用。因此相同的物体，色彩为暖色或明度较高的看起来比较大，色彩为冷色或明度较低的感觉比较小。

在建筑装饰设计中，可以利用色彩的这一作用，合理配置界面与家具、陈设的色彩关系，以调整空间局部的尺度感，获得理想的空间效果。

5.2.2 色彩的生理作用

长时间受到某种色彩的刺激，不仅会影响人的视觉效果，还能造成人在生理方面产生反应。如外科手术时医生长时间注视红色的血液，就会对红色产生疲劳，从而在眼帘中出现红色的补色绿色。因此医生的手术服、手术室墙面等可采用绿色，以形成视觉的平衡。

同时，不同的色彩还会对人的心率、脉搏、血压等产生不同的影响。如红色刺激神经系统，会导致血液循环加快，产生兴奋感，时间太长，会产生疲倦、焦虑的感觉。橙色可以带来活力，引起兴奋，并能增进食欲。绿色能使人平静下来，促进人体新陈代谢，从而解除疲劳、调节情绪。蓝色可以缓解神经紧张，使人安静、稳定。

由此，在建筑装饰设计中，应充分考虑色彩的生理作用与效果，通过合理应用，满足人的视觉平衡要求，并取得适宜的空间效果和环境气氛。如餐厅空间，可适当使用橙色来增进人的食欲；办公等空间中可多设置绿色植物，以缓解疲劳、提高工作效率。

5.2.3 色彩的心理作用

色彩的心理效果是指色彩在人的心理上产生的反应。对于色彩的反应，不同时期、不同性别、不同职业、不同年龄的人的反应是不相同的，而且每个地区、每个民族对色彩的感情也不尽相同，带给人的联想也不一样。

（1）白色是阳光之色，是光明的象征色。白色给人明亮、干净、纯洁、畅快、坦荡之感。白色象征着神圣与和平，但也象征着死亡、投降。

（2）黑色是无光之色，对人的心理影响是消极的。黑色象征着黑暗、沉默，让人感到漆黑、阴森、恐怖、沉重、无望、悲痛，甚至死亡。另一方面，黑色又具有安静、深思、坚持、严肃、庄重的感觉，它同时还有重量、神秘、庄严、不可征服之感。

（3）灰色能使人的视觉得到平衡，对人眼的刺激性不大，表现性和注目性较差。在心理上对它反应平淡、乏味、抑制、枯燥、单调，甚至沉闷、寂寞、颓丧。许多鲜艳的色彩蒙上了灰，显得脏、旧、衰败、枯萎、不动人，所以人们常用灰色比喻丧失斗志、失去进取心、意志不坚、颓废不前。但灰色也给人柔和、高雅、谦逊、沉稳、含蓄、耐人寻味的印象。

（4）红色是最鲜艳的色彩，能引起人的兴奋。饱和的红色热情、冲动、充满力量，象征着幸福、吉祥、革命，但也有血腥、恐怖之感。淡化的红色给人圆满、温和、甜蜜、愉快的心理感受。

（5）橙色是最活泼、最富有光彩的色彩，是最温暖的色彩。橙色使人联想到金色的秋天，含有成熟、富足、幸福之意，也代表着健康。

（6）黄色是最明亮的色彩，它灿烂、辉煌，有着金色的光芒，象征着光明、财富和权力，使人精神愉快。在我国古代，黄色是帝王专用色彩，代表着尊贵、权力；而在某些宗教中，黄色是卑劣的象征。

（7）绿色是大自然的颜色，它不刺激眼睛，是一种让人感到平静和舒适的色彩。黄绿、嫩绿、淡绿、草绿等象征着春天、生命、青春、幼稚、成长、活泼、活力，具有旺盛的生命力，是表现活力与希望的色彩；翠绿、盛绿、浓绿等象征盛夏、成熟、健康、兴旺、发达、富有生命力；而灰绿、土绿意味着秋季、收获和衰老。

（8）蓝色是一种消极的、收缩的、内在的色彩。蓝色很容易被人联想到天空、海洋、湖泊、远山、严寒，让人产生崇高、深远、纯净、冷漠、洁静的感觉。蓝色的环境使人感到幽雅宁静，浑浊的蓝色令人的情感冷酷、悲哀，深蓝色有着遥远、神秘的感觉。

（9）紫色是波长最短、明度最低的色彩，因与夜空、阴影相联系，富有神秘感、恐怖感。紫色被淡化后，给人以高贵、优美、奢华、幽雅、流动等感觉。

5.3 材质、照明与色彩

一切物体除了形体和色彩以外，材料的质地也是物体的重要表征之一。不同的材料有不同的质感。有的表面粗糙，如石材、粗砖、磨砂玻璃等；有的表面光滑，如玻璃、抛光金属、釉面陶瓷等；有的表面柔软，如织物；有的表面坚硬，如石材、金属、玻璃等材料；有的表面触觉冰冷，如石材、金属等；有的表面触觉温和，如织物、木材等。材料的肌理也千变万化，丰富多彩，各具特色，有的均匀无明显纹理，有的自然纹理清晰美丽。

材料的质感和肌理对色彩的表现有很大的影响。材料的质感和肌理会影响色彩的变化和色彩心理感受的变化，如同样的红色，在毛石、抛光石材、棉毛织物上的视觉效果各不相同。红色给人以温暖的感觉，而石材是坚硬、冰冷的，当红色的抛光石材与人近距离接触时，就会淡化红色温暖的视觉效果，而红色的棉毛织物则强化这种温暖的视觉效果。

光照对色彩的影响是不言而喻的，当光源色改变时，物体色必然相应改变，进一步改变其心理作用。强光照射下，色彩会变淡，明度提高，纯度降低；弱光照射下，色彩变模糊，色彩的明度、纯度都会降低。同时，光照对材料质感也有很大影响，粗糙的面受光时，由于产生阴影而强化其粗糙的效果；背光时，其质地处于模糊和不明显的地位。

因此，在装饰设计中，要综合考虑色彩与光照、质感之间的相互关系，充分认识光照、材料质感对色彩视觉效果的影响，从空间环境的整体色彩关系出发，创造出既富有变化，又协调统一的色彩环境。

5.4　室内色彩设计的原则和方法

色彩是室内空间环境中最为生动、最为活跃的因素。色彩最具表现力，室内色彩往往给人们留下室内环境的第一印象。通过人们的视觉感受产生的生理、心理和类似物理的效应，形成丰富的联想、深刻的寓意和象征。因此，色彩设计是装饰设计的重要内容之一。

5.4.1　室内色彩设计的原则

色彩设计作为装饰设计的重要组成部分，和任何设计形式语言一样，具有审美与实用的双重功能，不但要使人产生愉悦感，同时还要保证人的生理感受与心理感觉的平衡，从而满足物质生活与精神生活的双重需要。具体设计中，应注意以下几个原则。

1. 功能性原则

室内色彩设计应把满足室内空间的使用功能和精神功能要求放在首位。需要在为人服务的前提下，综合解决使用功能、经济效益、舒适美观、环境氛围等种种要求。不同使用性质的空间对色彩环境的要求也不相同，如新婚燕尔的卧室，需要温馨、喜庆的气氛，多采用红色、粉红、淡黄等色彩；而庄重严肃的室内空间，如纪念堂、法庭等，则多采用灰色、冷色等稳重的色彩；娱乐场所如舞厅，则需要高纯度的绚丽缤纷的色彩，给人以兴奋、愉悦的心理感受。

2. 时空性原则

时空是指时间和空间两方面的问题。人在空间内活动，会从一个空间行进到另一个空间，同时，视线在移动，时间在流逝。因此，空间序列中相连空间的色彩关系，视线移动中色彩的变化，人在空间中停留时间的长短等，都会影响色彩的视觉效果和生理、心理感受。如办公室、居室等使人长时间停留的，不宜使用大面积过于刺激的色彩，避免人长期处于兴奋状态而对身心造成伤害。又如要塑造一个清凉冰爽的室内空间时，除其本身采用蓝色等冷色调之外，可在其前厅空间使用暖色调，这样，当人从前厅进入冷色调的主空间时，会感觉更冷。

3. 从属性原则

色彩设计除了自身形成一定的独立和谐的关系外，更重要的是要形成一个和谐的背景环境，来衬托这个环境中的物体，体现着生活在这个环境中使用者的性格、身份、爱好等。因此，室内环境空间所处的人和物才是空间的主角，而空间界面的色彩只能是从属的。色彩的从属性还表现在室内设计的程序上，首先选用相应的材料才能确定色彩，顺序是不能颠倒的。

4. 地区性、民族性及个人喜好

色彩具有普遍性，同时也具有民族性和地域性，不同民族和地域的人们对色彩有着不同的理解和感受，会产生不同的联想。每个人对色彩也各有所爱。因此，在设计中，应充分了解各地区、各民族的风俗习惯、风土人情，以及业主个人的色彩喜好，才能设计出富有特点、易于接受的室内色彩效果。

5. 符合色彩的美学规律

在设计中，要遵循统一与变化的原则，在色彩构图上处理好主基调和辅调的关系，注重色彩的平衡与稳定、色彩的节奏与韵律等美学规律的运用。

5.4.2 室内色彩设计的方法

1. 确定室内空间的主色调

主色调是指在色彩设计中以某一种色彩或某一类为主导色，构成色彩环境中的主基调。主导色一般由界面色、物体色、灯光色等综合而成，通常选择含有同类色素的色彩来配置构成，从而使人获得视觉上的和谐与美感。主色调决定了室内环境的气氛，因此确定空间主色调是决定性的步骤，必须充分考虑空间的性格、主题、氛围要求等，一般来说，偏暖的主色调形成温暖的气氛；偏冷的主色调则产生清雅的格调。主色调一旦确定，应贯穿整个空间和设计的全过程。

2. 做好配色处理

室内空间具有多样性和复杂性，室内各界面、家具与陈设等内含物的造型、材料质感和色彩千变万化，丰富多彩。因此在主色调的基础上，做好配色处理，实现色彩的变化与统一，无疑是建筑装饰设计中色彩运用的重要任务。

色彩搭配的基本方法是色彩的调和与对比。色彩调和的方法有同类色调和、类似色调和、对比色调和等。同类色调和，因色相相同，可以在明度、纯度的变化上形成高低的对比，以弥补同色调和的单调感；类似色调和，如红与橙、蓝与紫等，主要是利用类似色之间的共同色来产生作用；对比色调和，如红和蓝、橙和绿等，可以通过降低一方色彩的纯度，或在对比色之间插入金、银、黑、白、灰等中性色，或利用双方面积大小的差异，以达到对比中的调和。色彩对比的方法有色相对比、明度对比、纯度对比、冷暖对比、面积对比以及连续对比、同时对比等。色彩对比可以使色彩各自的特点更加鲜明、生动，双方差异越大，对比越强烈，差异减小，对比强度也随着降低。对比可以带来丰富的视觉变化，但仍然要注重色彩的均衡。

在室内色彩设计中，要处理好背景色、主体色与点缀色之间的关系。背景色一般为室内界面及大面积织物的色彩，通常决定室内空间的色彩基调，多以柔和的灰色调营造和谐的气氛，增加空间稳定感。主体色一般为家具及大型陈设的色彩，是室内色彩主旋律，决定室内空间的性格。主体色既可作为背景色的协调色（同类色、近似色）出现，也可作为背景色的对比色（互补色、对比色）存在，通常小空间宜采用协调色，大空间可采用对比色。点缀色一般为室内陈设品的色彩，常选用与背景色形成对比的颜色，以打破单调，丰富视觉效果。

3. 色彩构图

色彩的变化与统一是色彩构图的基本原则。当主色调确定后，要通过色彩的对比形成丰富多彩的视觉效果，通过对比使各自的色彩更鲜明，从而加强色彩的表现力和感染力，但同时应注意色彩的呼应关系，在利用对比突出重点时，不能造成色彩的孤立；而且在设计的过程中，应始终明确色彩的主从关系，不能“喧宾夺主”，影响主色调的形成。最终使空间色彩丰富而不繁杂，统一而不单调。

4. 做好室内界面、家具、陈设的色彩选择和搭配

（1）界面色彩。界面包括墙面、地面和顶棚，它们具有较大的面积，除局部外，一般不做重点表现，因此，通常将界面色彩设为背景色，起到衬托空间内含物的作用。例如，墙面色彩宜采用明度较高而纯度较低的淡雅色调（绿灰、浅蓝灰、米黄、米白、奶白等），四壁用色以相同为宜，在配色上应考虑与家具色彩的协调和衬托。若为浅色家具，墙面宜选用与家具近似的颜色；若为深色家具，墙面则宜选用浅灰调来衬托。地面色彩通常采用与家具或墙面颜色相近而明度较低的颜色，以期获得稳定感。但在面积狭小或光线较暗的室内空间，应采用明度较高的色彩，使房间在视觉上显得宽敞一些。顶棚色彩宜选用高明度的色调，以获得轻盈、开阔、不压抑的感觉，也符合人们上轻下重的习惯。

一些建筑装饰构件，如门、窗、通风孔、墙裙、壁柜等与界面紧密相连，它们的色彩也应和背景色紧密联系起来，在设计中应灵活处理，一般宜与界面色彩相协调，需要突出强调时，也可做一定的对比处理。

（2）家具色彩。在室内空间中，家具是最为重要的空间内含物，它数量较多，使用频繁，在空间中发挥着分隔空间、表现风格、营造气氛等重要作用，往往处于空间的重要位置上，因此，家具色彩往往成为整个室内环境的色彩基调。总的来看，浅色调的家具富有朝气，深色调的家具庄重大方，灰色调的家具典雅，多色彩组合的家具则显得生动活泼。

（3）陈设色彩。陈设内容丰富，种类繁多。在室内空间中，陈设数量大，而体积较小，常可起到画龙点睛的作用，因此陈设的色彩多作为点缀色，选用一些纯度较高的鲜亮的色彩，用作色彩的对比变化，从而获得生动的色彩效果。但有些陈设，如窗帘、帷幔、地毯、床罩等织物，其面积较大时，织物色彩也可用作背景色。

总之，室内空间的整体色彩必须给人以统一完整的、富有感染力的印象，追求整体色彩的统一协调，强化重点的色彩魅力，才会获得理想的和谐的室内色彩效果。

第 6 章　家具与陈设 | CHAPTER 6

学习目标： 通过本章的学习，了解中外家具的发展概况和主要家具风格流派的特征，了解家具的类型及特点，了解家具设计的基本依据和设计要点，了解陈设的内容和种类，掌握家具、陈设在空间环境中的作用，掌握家具、陈设的选配原则和布置方法。

6.1　家具发展概述

6.1.1　中国传统家具

中国传统家具的历史可谓源远流长，从商周时期的低坐式家具到鼎盛时期的明清家具，历经三千多年的发展、演变，逐步形成了丰富多彩、技术精良、造型优美、风格独特的中国传统家具。

商、周、春秋时期是我国低矮型家具的形成期。这时期人们习惯于席地而坐的生活方式，因此家具都比较低矮。商、周时期铜器中的铜禁、铜俎，反映了中国早期家具的雏形；周时期又出现屏风、曲几、衣架等家具，如图 6-1 所示。春秋时期斧、锯、钻、凿等木工工具的广泛使用，使家具制作更加精细。

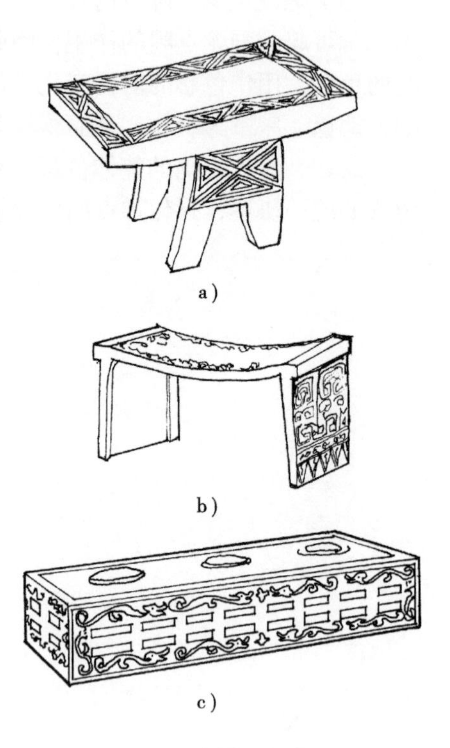

图 6-1　商周时期家具
a）木俎　b）铜俎　c）铜禁

战国、秦、汉、三国时期是我国低矮型家具大发展的时期。战国墓中出土的家具有床、几、俎、案、箱等，不仅做工精致，而且已采用了格肩榫、燕尾榫、透榫、勾挂榫等多种榫卯，表面进行髹漆或饰以红、黑等色漆描绘的图案，有的还施以精美的浮雕。到汉代，屏风得到广泛使用，它不仅可以屏避风寒，还起到分隔室内空间的作用；同时床的用途扩大，不仅是卧具，还用于日常起居和接待客人；胡床也进入中原地带；家具的装饰纹样增加了绳纹、齿纹、三角形、菱形、波形等几何纹样以及植物纹样。图 6-2 所示为战国、秦、汉、三国时期家具。

两晋、南北朝时期由于受到民族大融合和佛教传入的影响，家具在此时发生了显著变化，高坐型家具已有萌芽，床和榻的尺度也相应加高（图 6-3），床上设有帐架和仰尘，还有可以折叠移动的屏风；还出现了方凳、圆凳等新型家具的雏形。

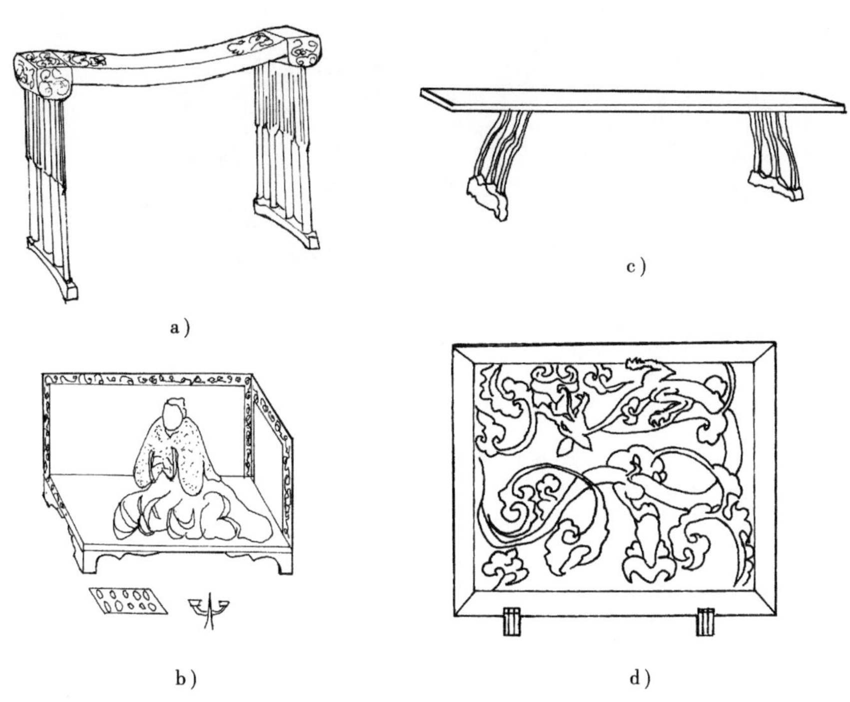

图 6-2　战国、秦、汉、三国时期家具

a）战国漆几　b）汉榻　c）汉几　d）汉彩绘屏

图 6-3　床榻（晋顾恺之女史箴图卷）

隋唐时期席地而坐的生活方式仍然占据主流，但垂足而坐也逐渐成为普遍的现象，家具也发生了明显的变化，出现了高、低型家具并存的局面。家具种类繁多，已有各种几，长、短、方、圆案，高、低桌，方、圆凳，扶手椅，靠背椅，床，榻，墩，架，箱，柜，橱等。至五代，高坐型家具的品种已基本具备，且逐渐占据主流，为两宋时期高坐型家具的普及打下了基础。图 6-4 所示为隋唐、五代时期家具。

两宋时期，垂足而坐已完全代替了席地而坐的生活方式，高坐型家具已普及。家具造型秀气轻巧，线脚处理丰富，使用了束腰、马蹄、蚂蚱腿、云兴足、莲花托等各种装饰形式。家具在室内布置上也逐步形成了一定的格局，一般厅堂多采用对称布置，卧室、书房等则采用不对称布置。图 6-5 所示为两宋时期家具。

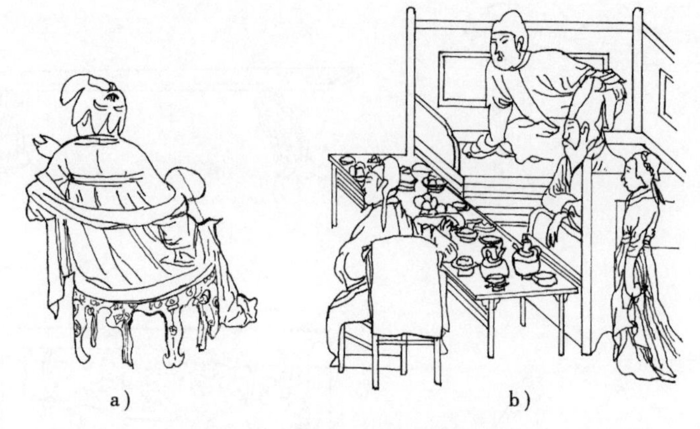

a） b）

图 6-4 隋唐、五代时期家具

a）月样杌子 b）桌、靠背椅、凹形床（顾闳中韩熙载夜宴图）

a） b）

图 6-5 两宋时期家具

a）案条、交椅 b）一桌二椅组合形式及坐屏

至明、清时期，我国古代家具的类型和品种都已齐备，除功能上充分满足了当时的生活要求，构造上使用了精巧的榫卯外，造型上也达到了很高的艺术成就，形成了独特的风格。

明代是我国古代家具发展的顶峰期。明代家具多采用花梨木、紫檀、红木、楠木等优质硬木，表面油漆暗红透亮，木质的天然纹理透彻鲜明，并在适当部位小面积饰以浮雕、镂雕或镶嵌玉石、大理石、珐琅等，如图 6-6 所示。明代家具的特点主要表现在：

（1）重视使用功能，基本符合人体形态的要求。

（2）结构科学合理，榫卯精密，坚固耐用。

（3）在造型上，形体简洁，端庄大方，比例适度，轮廓简练，线条舒展。

（4）精于选材配料，注重发挥材料的特性，并重视木材的天然色泽和纹理的表现。

（5）装饰精巧适度，雕刻、线脚处理得当，起着画龙点睛的作用。

清初家具基本上保持着明代家具的风格，清中叶以后，广泛吸收了多种工艺美术手法，再加上统治阶级的欣赏趣味，清代家具逐渐形成了新的风格特征。清代家具在继承和发展明式家具特点的同时，在装饰上力求华丽，常运用描金、彩绘、镶嵌等装饰手法，吸收了西洋的装饰纹样，并将多种工艺美术应用在家具上，使用了金、银、玉石、珊瑚、象牙、珐琅器、百宝镶嵌等不同质材，追求金碧璀璨、富丽堂皇的效果，如图 6-7 所示。遗憾的是晚清时期的家具，多数由于过分追求奢侈，忽略了家具结构的合理性，显得烦琐累赘。

图 6-6　明代家具
a）杌凳　b）圈椅　c）靠背椅　d）交椅
e）圈椅　f）四出头官帽椅

图 6-7　清代家具
a）书架　b）四件柜　c）香几　d）清墩　e）凳
f）茶几　g）靠背椅　h）太师椅

6.1.2　外国古典家具

1. 古代家具

古埃及家具主要有折凳、桌椅、榻、箱、柜等。家具造型多采用对称形式，比例合理，用色鲜明，以雕刻和彩绘相结合的手法饰以动植物装饰图案，尤其是家具的四腿、四脚多为动物腿形和牛蹄、狮爪等，显得粗壮有力，如图 6-8 所示。

古希腊家具有坐椅、卧榻、桌、箱等，前期的多采用长方形结构，椅背、椅坐平直；后期的坐椅形式变得自由活泼，椅背、椅腿均由曲线构成，上面置以坐垫，方便舒适，如图 6-9 所示。

古罗马家具坚厚、凝重，装饰复杂、精细，多使用雕刻和镶嵌，出现了带翼的狮身人面怪兽等模铸的人物和植物图饰，如图 6-10 所示。

图 6-8　古埃及时期靠椅

图 6-9　古希腊石浮雕卧榻和坐椅

图 6-10　古罗马石椅

2. 中世纪家具

欧洲中世纪是指古罗马衰亡到文艺复兴前的一段时期。这一时期的家具主要有拜占庭式家具、仿罗马式家具和哥特式家具，如图 6-11 所示。

图 6-11　中世纪家具

a）拜占庭式主教坐椅　b）哥特式靠背椅　c）哥特式教皇坐椅　d）法国哥特式教堂坐椅
e）仿罗马式旋木扶手椅　f）仿罗马扶手椅　g）仿罗马式箱子

拜占庭式家具在形式上继承了古罗马家具，并吸收了埃及以及小亚细亚等东方艺术形式，装饰手法以旋木和镶嵌为主。

仿罗马式家具是在公元 11 世纪，将古罗马建筑的拱券、檐部等用于家具的造型与装饰，从而形成仿罗马式家具，家具采用旋木技术，其中坐椅的椅背、扶手、坐面、腿等全部采用旋木制成，箱柜正面以花卉和曲线纹样的薄木雕刻装饰。

哥特式家具是受哥特式建筑的影响，在家具上采用了哥特式建筑的特征和符号。家具比例瘦长、高耸，多以哥特式尖拱、尖顶、细柱、焰型窗、花窗格及垂饰罩等花饰、浮雕或透雕镶板为装饰。

3. 文艺复兴时期家具

文艺复兴时期家具是指14世纪下半叶至16世纪，从意大利开始而后遍及欧洲的家具形式。受文艺复兴运动中提倡人文主义、复兴古典文化等思潮的影响，家具艺术也吸收了古代造型艺术的精华，以新的表现手法将古典建筑上的符号，如檐板、半柱、拱券以及其他细部形式移植到家具上。家具表面采用灰泥模塑浮雕装饰，做工精细，表面加以贴金和彩绘处理，如图6-12所示。

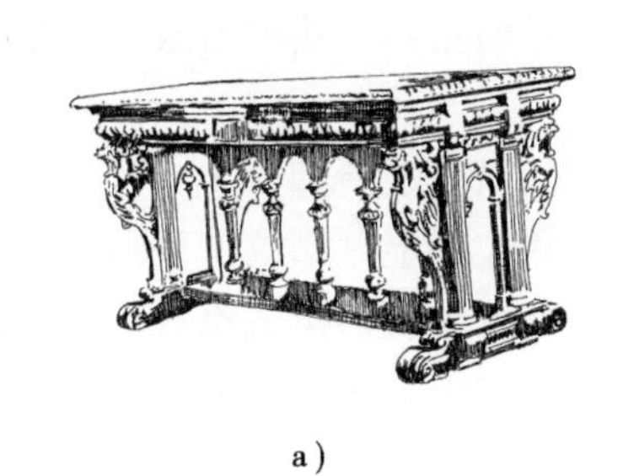
a）

b）

图6-12　文艺复兴时期家具

a）法国文艺复兴式长桌　b）法国文艺复兴式靠椅

4. 巴洛克式家具

16世纪末，巴洛克风格由意大利产生，并逐步流行于欧洲各国。巴洛克式家具将富于表现力的细部装饰集中在重点部位，简化不必要的部分，加强了整体和谐统一的效果，椅坐、扶手、椅背用织物或皮革包衬来替代原有的雕刻，使家具华贵而富有情感，功能上也更加舒适，如图6-13所示。

a）

b）

图6-13　巴洛克式家具

a）英国巴洛克长桌　b）法国路易十五式靠椅

5. 洛可可风格家具

18世纪30年代，洛可可风格家具兴起，它在巴洛克式家具的基础上进一步将优美的艺术造型和舒适的功能巧妙地结合起来，尤以柔婉的线条和纤巧华丽的装饰见长。路易十五式的靠椅和安乐椅是洛可可风格家具的典型代表作，其雕饰精巧的靠背、坐面、弯腿，搭配色彩淡雅秀丽的织锦、刺绣包衬和光亮的油漆，不仅奢华高贵，而且舒适实用（图6-14）。但到后期，其形式走向极端，因曲线的过度扭曲和比例失调的纹样装饰而走向没落。

6. 新古典家具

18世纪后半叶至19世纪初，古典复兴思潮盛行。摆脱了虚假烦琐的装饰，以直线造型为主，简洁、庄严的新古典家具成为时代新潮，如图6-15所示。

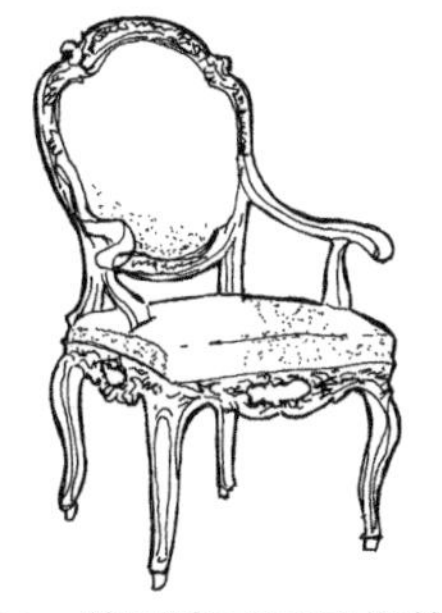

图6-14　德国洛可可风格扶手椅

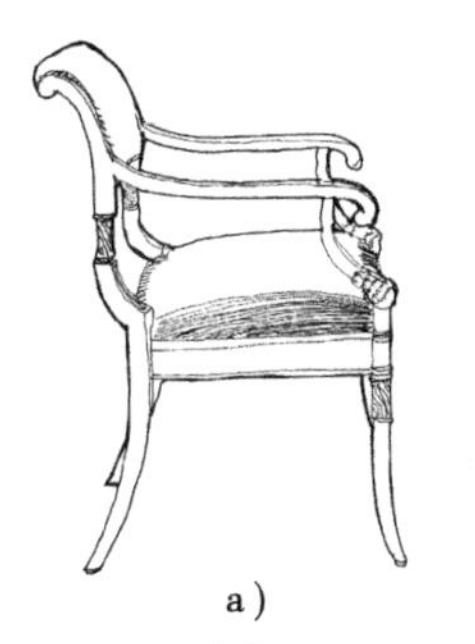
a）

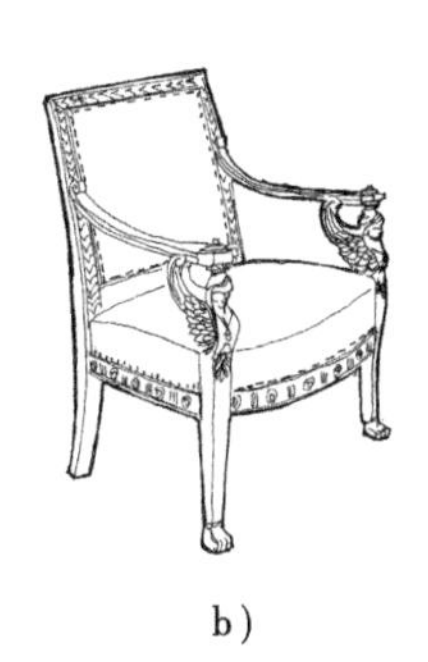
b）

图6-15　19世纪新古典家具

a）英国亚当式坐椅　b）法国帝政式坐椅

新古典家具包括法国路易十六式家具，英国乔治后期的亚当式、赫普怀特式和谢拉顿式家具，美国联邦时期家具，法国帝政式家具以及意大利、西班牙等国该时期的家具等。

法国路易十六式家具以直线造型为主，家具外形倾向于长方形。家具腿都采用向下逐渐变细的处理手法，并在腿上刻槽纹，表现出支撑的力度。椅背有矩形、圆形和椭圆形等，造型优美，镶嵌及镀金装饰精美雅致而又有度。

帝政式家具是指法国拿破仑称帝时期的家具式样。其以古罗马家具为模仿对象，不考虑功能与结构，一味追求庄严，体量厚重，线条刚健，在装饰上几乎使用了所有古典题材的图案，如柱头、半柱、檐板、狮身人面像、半狮半鸟的怪兽像等。

6.1.3 近现代家具

19世纪初期，欧洲各国先后完成了工业革命，技术的变革推动了社会形态和生活方式的改变。在艺术领域，思想、观念的冲突与变化导致了多种艺术思潮的出现，一系列的设计创新运动推动了家具设计思想、形式、结构和制作方法的改变。

图6-16 德国托奈特设计第14号椅（1859年）

德国人托奈特（Michael Thonet）第一个实现了家具的工业化大生产，并掌握了实木弯曲技术，于1859年推出了经典之作第14号椅，如图6-16所示。以普金、莫里斯为代表的工艺美术运动尝试将功能、材料与艺术造型结合起来，在家具设计上追求适用、质朴、简洁、大方的特色，如图6-17a所示。新艺术运动则摆脱了历史的束缚，极力寻求新的艺术设计语言，其代表人物比利时的霍塔、西班牙的高迪、英国的麦金托什等人在家具设计方面都进行了积极的探索，如图6-17b、c、d所示。荷兰风格派强调艺术需要简化、抽象，认为最好的艺术应是基本几何形体的组合和构图，色彩也简化为红、黄、蓝、黑、白、灰。1918年里特维尔德设计的红蓝椅（图6-18）被誉为“现代家具与古典家具的分水岭”。以包豪斯学院为基地的包豪斯学派积极探求工业技术与艺术的结合，注重以使用功能为设计的出发点，强调表现材料的结构性能和美学性能，面向工业化生产，追求形式、材料和工艺技术的统一。最有代表性的是布劳耶设计的钢管椅，如图6-19所示。

a）

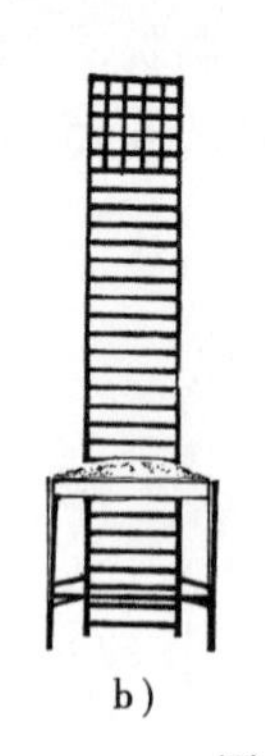

b）

c）

d）

图6-17 新艺术运动代表作

a）莫里斯设计桦木椅 b）麦金托什设计高靠背椅 c）霍塔设计的以富有加力的曲线构成的扶手椅 d）高迪设计的以曲线为主造型奇特的长椅

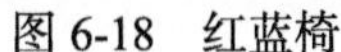

图 6-18　红蓝椅

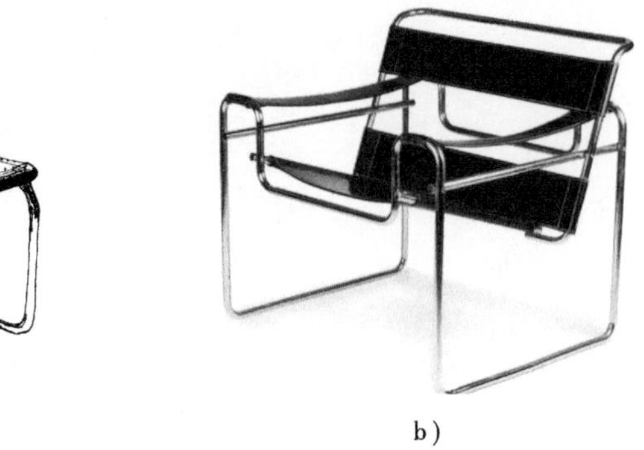

a)　　b)

图 6-19　钢管椅

a）布劳耶 S 型钢管椅（1928 年） b）布劳耶瓦西里椅（1925 年）

第二次世界大战后，随着经济和科学技术的迅猛发展，新材料、新工艺不断涌现，现代家具进入高速发展时期，各种不同形式、不同材料和不同机能的家具相继问世，家具的设计风格也因现代设计思想的普及与多元化发展而呈现出多元化的格局，如图 6-20 所示。现代家具的成就主要表现在：

（1）以人体工程学为主要依据，把家具的使用功能作为设计的基本出发点。

（2）在设计理念上摆脱了传统家具的束缚和影响，充分利用现代科学技术和新材料、新工艺，创造了符合现代审美情趣、丰富多彩的、前所未有的新形式，并适合于工业化大批量生产。

（3）尊重材料的本性，注重材料形态、纹理、色泽、力学及化学性能的运用和表现。

（4）注重家具的系列化、组合化、可装卸化，为家具的使用提供了多样性和选择性。

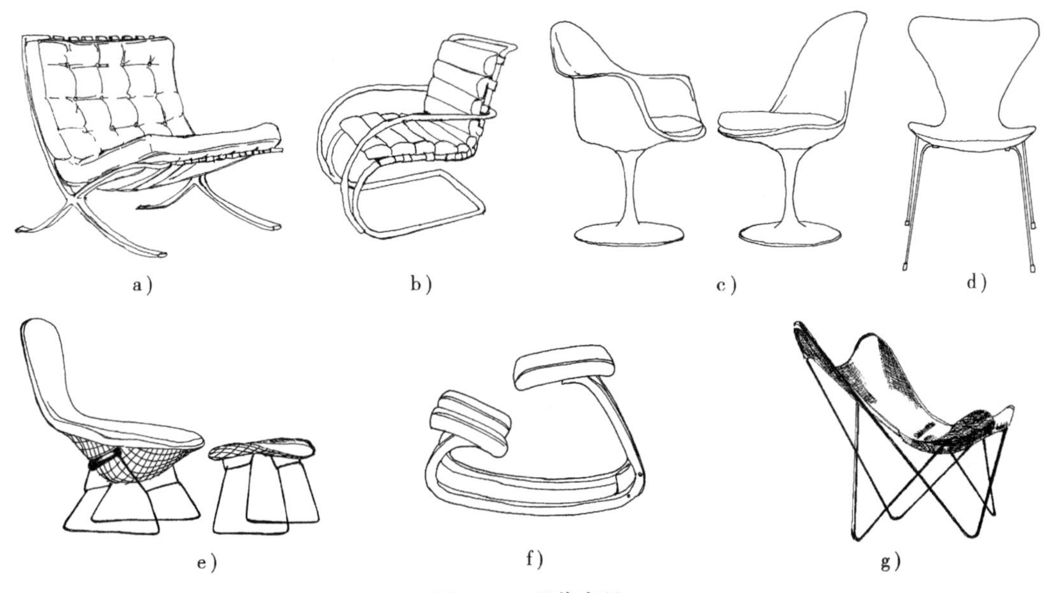

a)　b)　c)　d)　e)　f)　g)

图 6-20　现代家具

a）密斯凡德·罗设计的巴塞罗那椅 b）密斯设计的 MR 椅 c）美国沙里宁椅（玻璃钢浇铸成型）(1956~1957 年)
d）丹麦杰可布森四腿钢管层压板椅（1955 年） e）美国皮托阿“424”钢丝网架休息椅（1952 年）
f）挪威波得·奥泼斯维克平衡 2 级椅（1980 年） g）美国哈陶“哈陶”椅（1938）

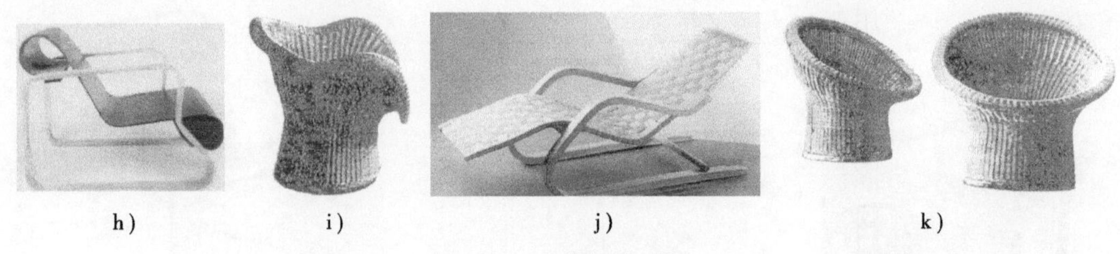

图 6-20　现代家具（续）
h）芬兰阿尔瓦·阿尔托设计的 Paimio 椅（1930）i）德国阿爱门藤休息椅（1957 年）
j）阿尔托设计的胶合躺椅（1936 年）k）德国阿爱门藤休息椅（1952 年）

6.2　家具的作用与分类

6.2.1　家具的作用

家具是建筑空间环境中必不可少的极其重要的组成部分。古往今来，家具是人们从事各类活动的主要器具，渗透于人类生活的各个方面——日常生活、工作、学习、交往、娱乐、休憩等，是空间环境中使用频繁、体量较大、占地较大的重要陈设。家具除了本身固有的坐、卧、凭依、储藏等使用功能外，在建筑空间环境中也发挥着重要作用。

1. 明确空间使用功能和使用性质

绝大多数室内空间在家具未布置之前，是很难判断空间的使用功能性质的，更谈不上对空间的利用。因此，家具是空间使用性质的直接表达者，家具的类型（不同功能、不同材料质地、不同结构特点）和家具的布置形式，能充分反映空间的使用目的、等级、品位及个人特性，从而赋予空间一定的性格和品质。如图 6-21 所示，布置上圆形的餐桌和餐椅，明确了的空间功能和特点——中餐厅。

图 6-21　利用家具明确空间功能和特点

2. 组织空间

人们在一定的室内空间中的活动是多样化的，往往需要将一个大空间分隔成多个相对独立的功能区，并加以合理组织。家具的布置是空间组织的直接体现，是对室内空间组织的再创造。充分利用家具布置来灵活组织分隔空间是建筑装饰设计中的常用手法之一，它不仅能有效分隔空间、充实空间，还能提高室内空间使用的灵活性和利用率，同时使各功能空间隔而不断，既相对独立，又相互联系。如在住宅起居室内，可以利用沙发、茶几围合成会客区，利用餐桌椅或吧柜分隔出餐饮区，如图 6-22 所示；宾馆大堂常利用服务台、沙发等分隔出服务区、休息区等，服务台、沙发的布置位置、布置形式将直接影响空间使用功能，如图 6-23 所示。

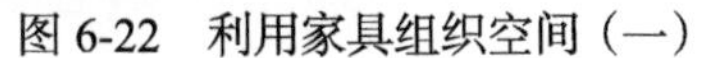

图 6-22　利用家具组织空间（一）

图 6-23　利用家具组织空间（二）

3. 利用空间

在建筑空间组合中，常常有一些难以正常使用的空间，但布置上适宜的家具后，就能把这些空间充分利用起来了。如图 6-24 所示，巧妙利用坡屋顶下的低矮空间布置床榻，形成了亲切怡人的休息区。又如图 6-25 所示，一个不起眼的小角落，一把摇椅不仅使其生动活跃起来，也使空间得到了充分利用。此外，吊柜也是一种常见的利用空间的手法。

图 6-24　家具利用空间（一）

图 6-25　家具利用空间（二）

4. 强化空间风格，营造环境气氛

家具实质上是一种实用的工艺美术品，其艺术造型表现出不同的风格特征，反映着各民族、各地域、各历史时期的文化特征和各艺术流派的设计思想。而家具在室内空间所占比重较大，体量突出，因此，家具的风格、色彩、质地对空间风格的形成、环境气氛的创造起着极为重要的作用。例如，竹制家具可营造纯真朴实、回归自然的乡土气息，如图 6-26 所示；中国古典家具，尤其是明清家具，能很好地营造出具有中国传统文化特色的室内空间，如图 6-27 所示。

图 6-26　利用家具营造环境气氛（一）

图 6-27　利用家具营造环境气氛（二）

6.2.2　家具的分类

1. 按使用功能分类

（1）坐卧类：可以支承整个人体及其活动的椅、凳、沙发、躺椅、床、榻等。

（2）凭倚类：能辅助人体活动，提供操作台面的书桌、餐桌、柜台、工作台、几案等。

（3）储存类：用以存放物品的衣柜、书架、壁柜等。

2. 按制作材料分类

随着现代科学技术的发展，家具的制作材料日益丰富，呈多元化发展。根据制作材料的不同，家具可分为木制家具、金属家具、竹藤家具、塑料家具和布艺、皮革家具等。

（1）木制家具。木制家具是指用原木和各种木制品如胶合板、纤维板、刨花板等制作的家具。木材质轻、强度较大、具有天然的纹理和色泽、易于加工和涂饰、触感柔和舒适。常用的木材有水曲柳、榆木、桦木、椴木、楸木、榉木、柚木、紫檀、柳桉、花梨木等几十个品种。目前木制家具仍是家具中的主流。

（2）金属家具。金属家具是指以金属材料为框架，与其他材料如皮革、木材、塑料、帆布等组合而成的复合家具。这种复合家具充分发挥了不同的材料特性，并通过金属材料表面色彩和质感与其他材质的对比效果，给人以简洁大方、轻盈灵巧之感，使其极具现代感。常用的金属材料为钢、不锈钢、铝合金、铸铁等。

（3）竹藤家具。竹藤家具是以竹、藤制作的家具。竹、藤材料具有质轻、高强、富有弹性和韧性、易于弯曲和编织的特点。竹藤家具在造型上也是千姿百态，而且具有浓厚的乡土气息，如图 6-28 所示。竹制家具还是理想的夏季消暑使用家具。

图 6-28　竹藤家具

（4）塑料家具。塑料家具是指以塑料为主要材料，模压成型的家具。常用于家具制作的塑料有聚氯乙烯 PVC、聚乙烯 PE、聚丙烯 PP、ABS、丙烯酸等，它们具有质轻、高强、耐水、光洁度高、色彩丰富、易于成型等特点。

（5）布艺、皮革家具。布艺、皮革家具是由弹簧、海绵和布料、皮革等多种材料组合而成的，它常以铁、木、塑料等材料为骨架。这类家具最常用于人体类家具的床、凳、椅、沙发等，它能增加人体与家具的接触面，从而避免或减轻了人体某些部位由于着力过于集中而产生的酸痛感，使人体在休闲时得到较大程度的松弛。布艺、皮革家具的造型及面料的图案和色彩都能给人以温馨华贵的感觉。

3. 按结构形式分类

根据结构形式的不同，家具可分为框架结构家具、板式家具、拆装家具、折叠家具、薄壳家具、充气家具和整体浇铸式家具等。

（1）框架结构家具。框架结构家具主要以传统木家具为主，其结构形式如同传统木构架建筑的梁柱结构，以榫卯连接形成的框架作为家具受力体系。其坚固耐用，但不太适合于工业化的大批量生产。

（2）板式家具。板式家具是现代家具的主要结构形式之一，一般采用细木工板、密度板等各种人造板粘结或用连接件连接在一起，不需要骨架，板材既是承重构件，又是封闭和分隔空间的构件。板式家具结构简单，易于工业化生产，在造型上也有线条简洁、大方的优点。

（3）拆装家具。拆装家具成品是由若干零部件采用连接件连接组合而成的，而且为了运输、储藏方便和某些使用要求，可以多次拆卸和安装。拆装家具多用于板式家具、金属家具、塑料家具中。常用的连接件有框角连接件、插接连接件、插入连接件三大类。

（4）折叠家具（图 6-29）。折叠家具的主要特点是能折叠，折叠后占用空间小，而且储藏、移动和运输等都比较方便。常用于面积较小的场所或具有多种使用功能的场所，如小面积住宅、多功能厅、会议室等。常见的折叠家具主要有床、桌、椅等。

（5）薄壳家具（图 6-30）。薄壳家具是采用现代工艺和技术，将塑料、玻璃钢或多层薄木胶合板等材料一次性压制成型的。一般是按照人体坐姿模式压制成椅背与坐面一体化的薄壳，固定到椅腿上形成坐椅；也可用塑料一次整体成型。薄壳家具质轻，便于搬迁，多数可以叠积，储藏方便，往往造型简洁生动，色彩绚丽。常见于椅、凳、桌类家具。

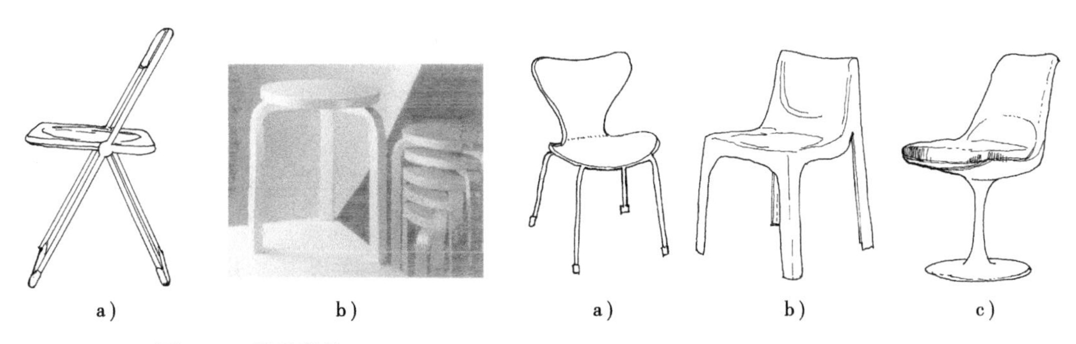

a）　b）　a）　b）　c）

图 6-29　折叠家具

a）意大利比来梯“Plia”折叠椅（1969 年）
b）可叠放三足凳（芬兰阿尔瓦·阿尔托）

图 6-30　薄壳家具

a）层压板热压成型　b）塑料热压成型　c）玻璃钢成型

（6）充气家具（图 6-31）。充气家具由具有一定形状的气囊组成，充气后即可使用。

它具有一定的承载能力，便于携带和收藏，新颖别致。其常见于各种旅行用桌、轻便躺椅、沙发椅等。

（7）整体浇铸式家具（图6-32）。整体浇铸式家具主要包括以水泥、发泡塑料为原料，利用定型模具浇铸成型的家具。这类家具的造型雕塑感强，常用作酒吧、舞厅等娱乐场所的桌、椅、凳以及公园等休憩场所。

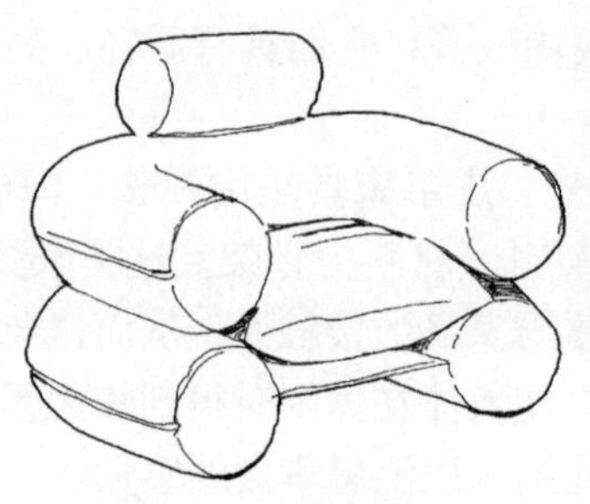

图6-31 充气家具

图6-32 整体浇铸式家具

4. 按家具组成分类

（1）单体家具。单体家具具有自己独立的形象，各单体家具之间没有必然的联系，可依用户需要和爱好单独选购，灵活搭配，但往往在样式、尺度、色彩上缺乏统一。

（2）配套家具。即将同一使用空间内的家具在材料、样式、尺度、色彩、装饰等方面进行统一设计，形成配套家具，以获得和谐统一的效果。如卧室内的床、床头柜、衣柜等；餐室内的餐桌、餐椅、酒柜等；酒店客房内的床、桌椅、柜、行李架等。

（3）组合家具。即将家具分解为两个以上的基本单元，各单元之间可自由拼接成不同的形式，甚至不同的使用功能。如组合柜、组合沙发等。组合家具有利于标准化、系列化和工业化生产。

6.3 家具的设计与布置

6.3.1 家具的设计

家具既是实用品又是艺术品，既要满足人们生活活动的各种使用要求，又要满足人们的精神需求。因此，家具的设计要点在于功能、材料与结构技术、造型三个方面。功能是家具的主要目的；材料与结构技术是家具构成的物质技术条件，是达到目的的手段；造型则是家具功能、材料与结构技术和艺术内容的综合表现。三者是辩证统一的整体，其中功能是前提，是决定性因素；材料和结构技术是基础，在一定程度上制约着家具的功能和造型；造型则是艺术表现形式。

所以，家具设计要以满足实用、舒适等要求为基本原则，并力求结构安全、工艺精巧、便于工业化生产，而且要造型美观、新颖独特，符合现代人的审美情趣。

1. 家具设计的依据

家具的服务对象是人，人的使用是家具的基本目的。因此，人体机能是家具设计的主要依据，家具必须首先符合人的生理机能和满足人的心理需求。

人体工程学对人体尺度和人体动作域，人体和家具的关系，尤其是使用过程中家具对人体产生的生理、心理反应进行了科学的实验和计测，为家具设计提供了科学的依据，并将人体活动的动作形态分解成坐、卧、立等各种姿态，据此研究家具的设计，确定家具的基本尺度及家具之间的相互关系。

2. 家具的基本尺度

家具的尺度与人体的基本尺度和各姿态的动作域关系密切。人与家具、家具与家具之间的关系是相对的，应以人的基本尺度为准则来衡量这种关系，进而确定家具的基本尺度。

通过人体工程学的研究，首先确定了家具设计的基准点，立姿使用的家具应以立位基准点计算，立位基准点为脚底后跟点加上鞋底厚度的位置。坐姿使用的家具应以坐位基准点计算，人的坐位基准点是以坐骨结节点为准。

（1）坐卧类家具的基本尺度。坐卧类家具是人们日常生活中使用最频繁、接触最紧密的家具。坐卧类家具的基本功能是使人们坐得舒服、睡得安稳、减少疲劳、提高工作效率。

坐具一般要控制坐高、坐深、坐宽、靠背、扶手高度等方面的尺度，并应考虑坐面形状及坐垫的软硬程度。一般椅子坐高为390~450mm，坐深以375~420mm为宜，坐宽不宜小于400mm，靠背宽度以325~375mm为宜，椅靠背与坐面夹角一般在90° ~110° 之间，一般以100° 为宜，扶手高度在坐面上200mm为宜，两扶手之间的距离不应小于475mm。

人在睡眠时，并不是静止的，而是会经常变换姿势和位置，人的睡眠质量不仅与床垫的软硬有关，还与床的尺度有关，一般要考虑床宽、床长及床高几个方面的尺度。一般情况下，床宽不宜小于700mm，床长要比人体的最大高度多一些，多为2000mm，不宜小于1850mm。床高以420~480mm为宜。

（2）凭依类家具的基本尺度。凭依类家具是日常生活中必不可少的辅助性家具，凭依类家具的基本功能是为在坐、站状态下进行各种活动提供相应的辅助条件，并兼有放置或储存物品之用。

坐姿用桌的桌面高度以在肘高（坐姿）以下50~100mm为宜，但精密工作受视距影响，需增加桌面高度，办公用桌作业面高度参见表6-1。桌椅面高差以270~300mm为宜，桌下净空以600mm为宜，如图6-33所示。

表6-1　办公用桌作业面高度　　（单位：mm）

作业类型	男性	女性
精密、近距离观察	900~1100	800~1000
读、写	710~780	700~740
打字、手工施力	680	650

立姿用桌的桌面高度宜在肘高（立姿）以下50~100mm，一般以910~980mm为宜，根据作业性质可酌情增减，如图6-34所示。

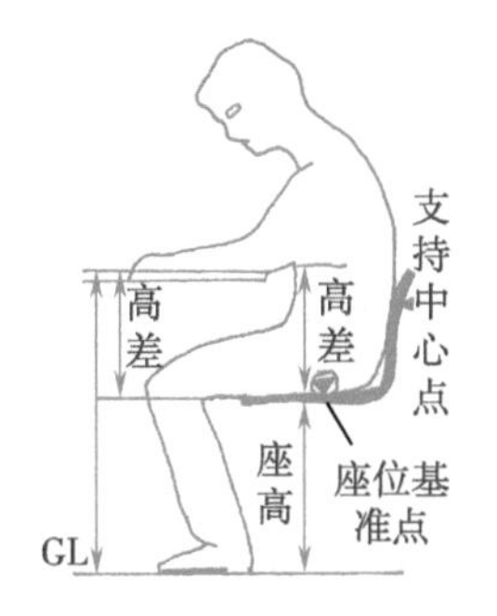

图6-33　坐姿用桌基本尺度

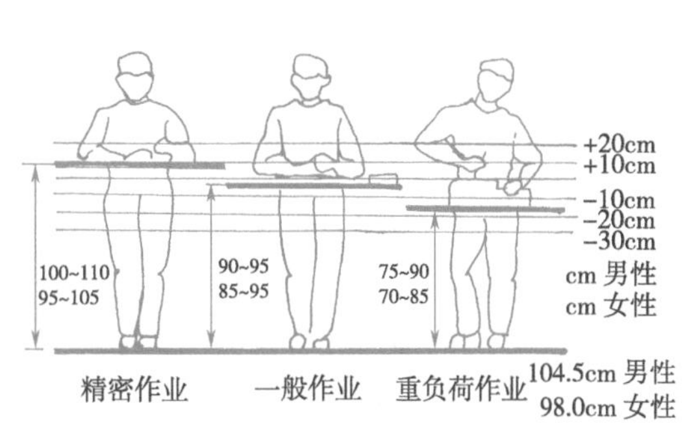

图6-34　立姿用桌基本尺度

（3）储藏类家具的基本尺度。储藏类家具主要是用作日用品的储藏与展示，常见的有衣柜、书柜、食品什物柜、装饰柜等。储藏类家具的功能设计要考虑人和物两方面的关系，一方面要方便人们存取，另一方面要满足物的存放要求，图 6-35 所示为储藏类家具基本尺度。一般储藏类家具高度为 1.8~2.2m，宽度为 0.4~0.6m，也可与顶棚做齐。

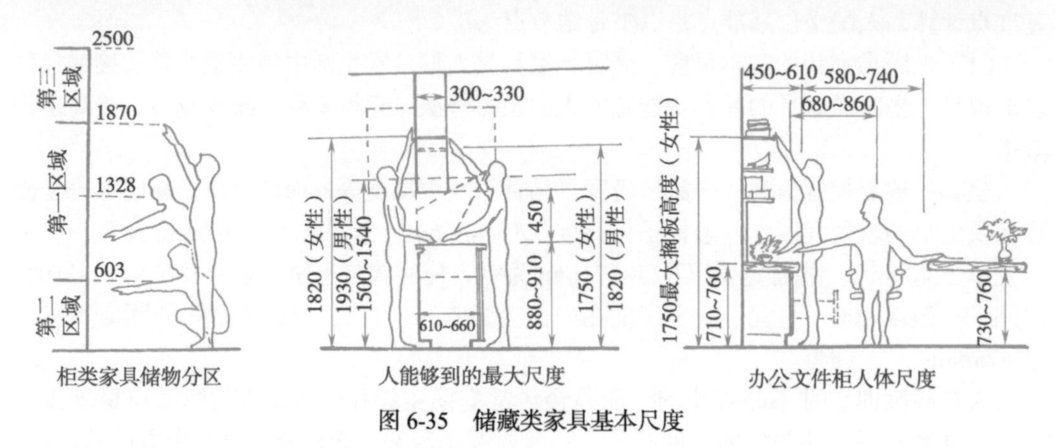

柜类家具储物分区　人能够到的最大尺度　办公文件柜人体尺度

图 6-35　储藏类家具基本尺度

6.3.2　家具的布置

1. 家具的布置原则

（1）方便使用的原则。家具以人的使用为目的，家具的布置必须以方便使用为首要原则，尤其是在使用上相互关联的一些家具，应充分考虑它们的组合关系和布置方式，确保在使用过程中方便、舒适、省力、省时，如图 6-36 所示。

图 6-36　书房内书桌、书架的关系

（2）有助于空间组织的原则。家具的布置是对室内空间组织的二次创造，合理的家具布置可以充实空间，优化室内空间组织，改善空间关系，均衡室内空间构图。如一些建筑空间会有空旷、狭长或压抑等不适感，巧妙地运用家具布置，不仅可以改善不适感，还可以丰富空间内涵。

（3）合理利用空间的原则。提高建筑空间的使用价值是建筑装饰设计中一个重要的问题，家具布置对空间利用率影响很大，因此，在满足使用要求的前提下，家具布置应尽可能充分地利用空间，减少不必要的空间浪费。但也要合理有度，要留有足够的活动空间，防止只重视经济效益，而对使用、安全和环境造成不利影响或过度利用。

（4）协调统一的原则。家具是室内最主要的大体量陈设，在室内空间中占据重要位置，对室内整体格调影响较大，因此，家具选配时，应注意家具的材质、色彩、尺度、风格与室内整体设计的协调统一。

2. 家具的布置方法

家具的布置应结合空间的使用性质和特点，首先明确家具的类型和数量，然后确定适宜的位置和布置形式，使功能分区合理，动静分区明确，流线组织通畅便捷，并进一步从空间整体格调出发，确定家具的布置格局及搭配关系，使家具布置具有良好的规律性、秩序性和表现性，获得良好的视觉效果和心理效应。

家具在室内空间的布置位置一般有周边式布置、岛式布置、单边式布置和走道式布置等。

周边式布置即沿墙四周布置家具，中间形成相对集中的空间，如图 6-37 所示。

岛式布置是将家具布置在室内中心位置，表现出中心区的重要性和独立性，并使周边的交通活动不干扰中心区，如图 6-38 所示。

单边式布置是将家具布置在一侧，留出另一侧作为交通空间，使功能分区明确，干扰小。

走道式布置即将家具布置在两侧，中间形成过道，空间利用率较高，但干扰较大。

家具在室内空间的布置格局有对称式布置、非对称式布置、集中式布置、分散式布置等。

对称式布置可获得庄重、严肃、稳定的空间效果，常用于庄重、严肃的正式场所，也是中国传统建筑室内家具常用的布置形式，如图 6-39 所示。

非对称式布置则自由、活泼、轻松，如图 6-40 所示。

集中式布置多用于使用功能单一、家具品种不多的小空间。

图 6-37 周边式布置

图 6-38 岛式布置

图 6-39 对称式布置

图 6-40 非对称式布置

分散式布置则用于功能多样、形式复杂、家具品种多的大空间，往往组成若干个家具组团分散布局。

6.4 陈设的作用与分类

陈设是室内空间的主要内含物，在空间环境中发挥着重要作用，其设计、选择与配置是建筑装饰设计的重要内容之一。

6.4.1 陈设的作用

陈设品是室内环境中必不可少的一部分，它不仅具有一定的实用功能，而且对室内环境影响重大。陈设在空间环境中的作用主要有以下几点。

1. 突出室内设计主题

各类建筑都特别注重文化氛围的营造，往往通过建筑装饰设计寓文化主题于室内环境中。陈设品以其视觉效果好、可触性强、表现手段独特等特点，使设计主题的表现准确、深刻，具有画龙点睛的作用。如图 6-41 所示，重庆“中美合作所”展览馆烈士墓地下展厅，圆形大厅中央悬挂着几条手铐脚镣，在一束冷冷的天光照射下，使人不寒而栗，起到了突出空间主体、强化空间内涵的作用。如图 6-42 所示，上海博物馆青铜器馆入口处，巨大的刻着凝重的商周青铜图案的鼎状造型，使空间主题一目了然。

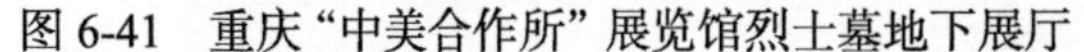
图 6-41 重庆“中美合作所”展览馆烈士墓地下展厅

图 6-42 上海博物馆青铜器馆入口

2. 营造和烘托环境气氛、强化空间风格

室内空间的使用性质不同，对环境气氛的要求也不相同。而不同的陈设品可以营造和烘托出不同的环境气氛，如图 6-43 所示。而且室内空间具有各种不同的风格特征，如中国古典式、欧洲古典式、简约风格等。陈设品因其造型、色彩、图案、质地等因素往往表现出一定的风格特点，恰当地选择陈设品，可以对室内环境的风格起到加强、促进的作用，如图 6-44 所示。

3. 组织、引导空间

陈设也具有一定的空间职能作用，一些体量较大、造型独特、风格鲜明、色彩鲜艳的陈设品能够在室内空间中起到限定空间、分隔空间、引导人流等空间职能作用，因为它们醒目、突出，易形成视觉中心，从而在空间中起到引导、暗示、限定等作用，如图 6-45、图 6-46 所示。

图 6-43 陈设烘托环境气氛（一）

图 6-44 陈设烘托环境气氛（二）

图 6-45 陈设组织、引导空间（一）

图 6-46 陈设组织、引导空间（二）

4. 柔化空间环境

随着现代建筑技术的发展，钢筋混凝土、金属材料、玻璃、石材等充斥着我们的生活空间，给人以强硬、冷漠之感。通过引入柔软的织物、生活器皿、绿色植物及工艺品等，既弥补了建筑自身的缺憾，又使空间表现出浓郁的生活气息，给人温暖亲切之感，如图 6-47 所示。

5. 反映民族特色和地域特征

不同地域、不同民族有着特定的文化背景和风俗习惯，随着历史文化的积淀，形成了各自鲜明而独特的民族特色和地域特征。许多陈设品就具有浓郁的民族特色和地方风情，在室内陈列这些陈设品，可以使空间环境也表现出一定的民族特色和地域特征，如图 6-48 所示，巨幅中国传统水墨画，使室内充满中华文化气息。

图 6-47　陈设柔化空间环境

图 6-48　陈设反映民族特色

6. 张扬个性、陶冶情操

人们因性格、年龄、文化修养、职业、爱好等方面的不同，往往会对不同的陈设品产生喜好。因此，室内陈设在一定程度上反映出主人的个性。而且，造型优美、格调高雅，尤其是具有一定内涵的陈设品，不仅能够美化环境，还可以陶冶人的情操，如图 6-49 所示。

图 6-49　陈设张扬个性，陶冶情操

6.4.2　陈设的分类

陈设的范围广泛，内容丰富，几乎涵盖了室内界面以外的所有物品，如家具、绿色植物、灯具、器皿等均属于陈设的大范畴，如图 6-50 所示。

图 6-50 各种陈设品

陈设大致可分为实用性陈设和装饰性陈设两大类。

实用性陈设是指具有明确的、特定的使用功能，同时又具有一定装饰作用的陈设品。如日用电器、床上用品、生活器具、文体用品等，它们既是人们日常生活中的必需品，又可以美化环境、装饰空间。

装饰性陈设是指主要起装饰作用的陈设品，如美术作品、工艺美术品、收藏品等，它们一般没有具体的使用功能，主要供观赏品味、美化环境之用。

常见的室内陈设有以下几种。

1. 艺术品

艺术品内容丰富，门类繁多。常见的有字画、摄影作品、雕塑作品、各类工艺美术品等。

（1）字画。字画又分为书法、国画、西画、民间绘画等。书法和国画是中国传统艺术品，书法作品有篆、隶、楷、草、行之别，国画主要以花鸟、山水、人物为主题，运用线描和墨、色的变化表现形体和质感，强调神韵和气势，具有鲜明的民族特色。传统的字画陈设表现形式有楹联、挂幅、中堂、匾额、扇面等。西画有素描、水彩、油画等多种类型，而且风格多样、流派纷呈。

（2）摄影作品。摄影作品是纯艺术品，能给人以美的享受，而且摄影作品往往都是写实的，它能真实地反映当地当时所发生的情景，因此人像摄影，尤其是重要的历史性事件及人像摄影，具有很强的纪念意义。

（3）雕塑。雕塑是以雕、刻、塑以及堆、焊、敲击、编织等手段制作的三维空间形象的美术作品。雕塑的形式有圆雕、浮雕、透雕及组雕。传统的材料有石、木、金属、石膏、树脂及黏土等。雕塑分为泥塑、木雕、石雕、铜雕、瓷塑、陶雕等。

（4）工艺美术品。工艺美术品的种类和用材更为广泛，如陶瓷、玻璃、金属工艺品、竹编、草编、牙雕、木雕、玉雕、根雕、微雕、贝雕、面人、泥人、剪纸、风筝、面具、香包等，有的精美华贵，有的质朴自然，有的散发着浓郁的乡土气息，有的具有鲜明的民族特征。

（5）收藏品和纪念品。收藏品内容丰富，如古玩、邮票、花鸟标本、奇石、民间器物、器具等。收藏品既能表现主人的兴趣爱好，又能丰富知识，陶冶情操。纪念品包括奖杯、奖章、赠品、传家宝等，它既具有纪念意义，又具有装饰作用。

2. 日用品

日用品在室内陈设中所占比重较大。日用品实用性强，其造型也日趋精巧美观，表现出较强的艺术性。日用品的范围极其广泛，难以一一罗列，这里仅对常用日用品做简要介绍。

（1）生活器具，如餐具、茶具、酒具、果盒、花瓶等，它们不仅造型独特，而且材质丰富，有朴实自然的木材、光洁华贵的金属、晶莹剔透的玻璃、古朴浑厚的陶器，从而获得丰富多彩的装饰效果，并使空间富有浓郁的生活气息。

（2）文体用品，有书籍、文具、乐器、体育用品、健身器材等。书籍、文房四宝等文具不仅能给室内空间增添书卷气，还能体现出主人的文化修养。钢琴、吉他、小提琴等乐器既能反映出主人的爱好，又能烘托高雅的气氛。而各种体育用品、健身器材则使空间充满生机和活力。

（3）日用电器，如电视机、电冰箱、电脑、电话、音响设备等，这些功能性电器不仅能迅速传递现代信息，方便人们生活，还以其简洁优美的工业造型体现出高科技特点，使空间富有时代感。

（4）灯具，它是创造室内光环境必不可少的用品，同时又具有很强的装饰性。常见的灯具有吊灯、吸顶灯、投射灯、台灯、壁灯等。灯具除满足照明的基本要求外，其光色、造型、材质及风格对室内空间环境的气氛和风格有很大的影响。

3. 织物

图 6-51 室内织物

织物除少数如壁挂、挂毯等为纯艺术品外，大多为日用装饰品，如床上用品、窗帘、台布、靠垫、地毯等。织物在室内所占的面积比例较大，对室内环境气氛、艺术风格及人的生理、心理感受影响都较大，尤其是织物独特的材质具有很好的吸声效果，对改善室内音质效果、柔化空间具有重要作用，如图 6-51 所示。

（1）窗帘、帷幔、帷幕等，具有分隔空间、遮挡视线、调节光线等作用，一般多选择垂性好、耐光、不褪色、易清洗的织物，常见的有绸缎、棉麻、化纤织物以及针织品等。

（2）床罩、床单、沙发套、台布以及靠垫、坐垫等罩面织物，具有保护、挡尘、防污等作用，且装饰性强。罩面织物与人接触密切，宜选择手感好、耐久、易清洗的棉麻、混纺织物。

（3）地毯的使用具有悠久的历史，其花色品种很多，主要有机织、簇绒、针刺、枪刺、手工编织等。它弹性好、脚感舒适，广泛用于各类建筑的室内。地毯的铺设方式有满铺、中间铺设、局部铺设等。

6.5 陈设的配置原则和陈列方式

6.5.1 陈设的配置原则

陈设品是丰富多彩的，选择陈设品时，除考虑陈设品自身的使用功能、造型风格、色彩质地外，还应综合考虑业主的欣赏口味、室内空间的风格、环境气氛与意境等，而且任何一件陈设品在室内空间中都不可能独立存在，它应与室内空间环境、家具、其他陈设品共同组成一个和谐的整体，表达主题，营造气氛。因此，选择和布置陈设品时应统筹考虑，一般应注意以下几个问题。

1. 满足使用功能

陈设品是室内必不可少的，但也不是多多益善，选择和布置陈设品时，应注意不能影响空间的使用功能，不能妨碍人的正常活动。而且实用性陈设品的选择和布置，应首先满足其使用需求。一些贵重或易损坏的陈设品，如文物、玻璃工艺品等，不应摆放在人流频繁的位置，且陈列形式应稳妥；又如电视机等视听设备，应根据空间大小选择适当的尺寸，以确保适宜的观看距离，从而获得良好的视听效果。

2. 变化丰富、有主有次、格调统一

每一件陈设品都有其特有的造型、色彩、质地、尺度、风格和内涵，因此每一件陈设给人的感受都不相同。在选择和布置陈设品时，应综合考虑空间的总体格调、陈设与家具、陈设与陈设间的相互关系，同时兼顾主人的喜好，巧妙配置，灵活布局。一般应把与室内空间主题、风格一致的陈设品做重点陈列，使之成为构图中心，同时配置其他陈设品作为陪衬，从而获得变化丰富而不杂乱、和谐统一而不单调的空间效果。如图6-52所示，某书房内，博古架上的瓷器、书桌上的毛笔架等，不仅与书房内具有中国传统特色的空间格调协调统一，更进一步强化了空间风格；同时也配置了电脑等现代化设备和文具，既满足了现代社会工作、学习的实际需求，又体现出时代精神，从而形成对比和变化。又如图6-53所示，室内陈列了多种陈设品，形成了变化丰富的室内效果，但墙面中央的牛头以其独特的造型和艺术感染力，成为视觉中心，起到了主导空间的作用。

图6-52 某书房内陈设

图6-53 室内多种陈设品

3. 构图均衡、比例恰当

配置陈设品时，应注意陈设品与邻近家具、其他陈设品及背景的构图关系的均衡。对称的均衡给人以严谨、庄重之感，如图6-54所示；不对称的均衡则能获得生动、活泼的艺术效果，如图6-55所示。同时还应注意陈设品与室内空间的比例关系要恰当，若空间狭小而陈设品过大，会产生拥塞之感；若空间高敞而陈设品过小，则显得空旷无物。

图6-54 对称陈设布置

图6-55 不对称陈设布置

6.5.2 陈设的陈列方式

陈设品的丰富多彩，决定了其陈列方式的多种多样。总的来说，陈设品的陈列方式与陈设品的类型、尺度大小、价值、材质等因素有关。一般平面类的陈设品多悬挂在墙面上，立体类的陈设品可摆放在台面、橱架及地面上。

常见的陈列方式有墙面陈列、台面陈列、落地陈列、橱架陈列、空间垂吊等。

1. 墙面陈列

墙面陈列（图 6-56~ 图 6-59）是将陈设品悬挂、张贴、镶嵌在墙面上的陈列方法，其适用范围极为广泛，如书法绘画作品、摄影作品、壁画、壁挂、浮雕作品、剪纸、风筝等，也适用于纪念品、收藏品、服饰、文体用品如吉他、球拍等。

图 6-56　墙面陈列（一）

图 6-57　墙面陈列（二）

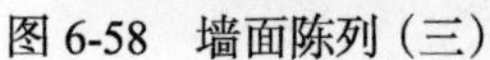
图 6-58 墙面陈列（三）

图 6-59 墙面陈列（四）

墙面陈列形式有对称式布置、非对称式布置和成组布置等。对称式布置可以获得严谨、稳健、庄重的艺术效果，多用于具有中国传统风格或庄重严肃的室内空间。非对称式布置灵活多变，可以获得生动、活泼的艺术效果，运用较为广泛。当墙面上布置多个陈设品时，可将它们组合起来，统筹布置，形成水平、垂直、三角形或菱形等构图关系。也可以在整个墙面上陈列巨幅绘画、摄影、浮雕等作品，这时巨幅作品的风格、色调、主题等往往统治着整个室内空间，具有很强的艺术感染力。尤其是一些写实的景物摄影，会使人产生身临其境之感，景深较大的绘画、摄影作品还会具有扩大空间的效果。

墙面陈列布置时应注意陈设品的观赏距离和陈列高度，既要满足构图要求，又要适宜观赏，同时还不能影响邻近家具的使用。

2. 台面陈列

台面陈列（图 6-60、图 6-61）是将陈设品摆放在各类台面上的展示方式，它是运用最广泛的一种陈列方式。台面主要包括餐桌、办公桌、书桌、几案、柜台、展台等，也包括化妆台、沙发、坐椅、床等；适宜的陈设品也极为丰富，如书籍、文房四宝、台灯、电视机、音响、化妆品、餐具、茶具等日用品，雕塑、古玩、盆景、泥人等工艺品、收藏品等。

图 6-60 台面陈列（一）

图 6-61 台面陈列（二）

台面陈列有对称式布置与自由式布置两种方式。对称式布置端庄整齐，具有很强的秩序感，但使用过多会显得平淡、呆板；自由式布置灵活生动，变化丰富，但应避免杂乱无章或堆砌之感。

台面陈列布置时应注意，首先必须满足台面的使用要求，适量地放置陈设品，并优先配置与台面使用功能相关的实用性陈设品，适度配置其他装饰性陈设品，使之变化丰富，搭配和谐。如餐桌应以餐具为主；书桌应以文房四宝、台灯、电脑等为主；商业柜台、展台应以商品展示为主。

3. 落地陈列

落地陈列（图 6-62、图 6-63）适用于体量或高度较大的陈设品，如大型雕塑、盆栽、工艺花瓶、落地座钟、落地扇等，多用于具有较大室内空间的公共建筑及面积较大的住宅客厅、卧室等。

图 6-62 落地陈列（一）

图 6-63 落地陈列（二）

落地陈列布置时，应注意陈设品的位置，既适宜观赏，又不妨碍人们的日常活动，同时还应注意发挥其分隔空间、引导空间的作用。由于这类陈设品体量较大，易引人注意，应注意其与空间整体风格的谐调。

4. 橱架陈列

橱架陈列（图 6-64、图 6-65）是一种兼有储藏功能的展示方式，可集中展示多种陈设品。尤其当空间狭小或需要展示大量陈设品时，橱架陈设是最为实用、有效的陈列方式。橱架陈设适用于体量较小、数量较多的陈设品，如书籍、玩具、奖杯、古玩、瓷器、玻璃器皿、各类工艺品、各类小商品等。橱架的形式有陈列橱、工艺柜、博古架、书柜等，橱架可以是开敞通透的，也可以用玻璃门封闭起来，这样既可以有效地保护陈设品，又不影响展示效果，对于贵重的工艺品或珍贵的收藏品尤为适宜。

图 6-64 橱架陈列（一）

图 6-65 橱架陈列（二）

橱架陈列布置时应注意，同一橱架上陈设品种类不宜过杂，摆放不宜太密集，以免产生杂乱、拥挤、堆砌之感。

5. 空间垂吊

空间垂吊（图 6-66、图 6-67）也是一种常见的展示方式，如吊灯、风铃、吊篮、珠帘、吊兰等都适用于垂吊陈列。空间垂吊可以充分利用竖向空间，减少竖向空间的空旷感，丰富空间层次。空间垂吊多采用自由灵活的布置方式，以获得生动、活泼的艺术效果，也可成对或成行规律排列，以产生较强的节奏感，并具有导向作用。

图 6-66 空间垂吊（一）

图 6-67 空间垂吊（二）

垂吊陈列布置时应注意陈设品悬挂的位置和高度，以不妨碍人们的日常活动为原则。

在实际生活中，由于室内陈设品种类繁多、丰富多彩，各类陈设有着其适宜的陈列方式，所以，同一空间往往会同时使用多种陈列方式，应注意它们相互之间的协调与配合，如图 6-68 所示。

图 6-68 多种陈列方式的协调与配合

第7章　室内绿化、小品　CHAPTER 7

学习目标：通过本章的学习，了解室内绿化的作用、绿化的配置原则、室内水景及小品的配置；掌握室内植物的选择和室内绿化的基本布置方式，同时，对室内水景形式的选择与山石的选择有一定的认知。

7.1　室内绿化

在我国，室内绿化的发展历史悠远，最早可追溯到新石器时代，从浙江余姚河姆渡新石器文化遗址的发掘中，获得的一块陶块上就刻有盆栽植物花纹。有关盆栽花卉的最早文字记载是东晋王羲之的《柬书堂帖》，文中提到莲的栽培，“今岁植得千叶者数盆，亦便发花相继不绝”。明清时期造园活动盛行，室内绿化也随之增加，到了现代，绿化成为室内环境中不可缺少的要素之一。

室内绿化是指根据室内环境的特点，结合人们的生活需要，以室内观叶植物为主，对室内空间环境进行美化。室内绿化是以满足人们的物质生活与精神生活的需要为根本，配合整体室内环境进行设计和装饰，使室内室外融为一体，体现动和静的结合，达到人、室内环境与大自然的统一和谐。所以，在室内进行适当的人工绿化，具有调节和改善室内小气候、美化环境、陶冶性情的作用，还能合理地组织室内空间。

7.1.1　室内绿化的作用

1. 净化空气、调节和改善室内小气候

室内绿化在净化空气，调整室内温度、湿度，改善室内小气候等方面具有不容忽视的作用。

绿化可以有效地调节室内温度、湿度，吸收二氧化碳，释放出氧气，净化空气和环境，并能遮挡阳光，吸收辐射热以及隔热等。实验证明，有种植阳台的居室比无种植阳台的居室富有更多氧气，而且温室效应更好。

花草树木还具有良好的吸声作用，能够降低噪声能量，靠近门窗布置绿化还能有效地阻隔室外传来的噪声。

此外，已经证实，建筑物内部一些有毒的化学物质可以被常青的观叶植物以及绿色开花植物吸收，如梧桐、棕榈、大叶黄杨等可吸收有害气体，有些植物的分泌物，如松、柏、樟桉、臭椿等可杀灭细菌；蓬莱蕉和紫露草可消除甲醛，而开花植物，如扶郎花、菊花可消除空气中的苯；另外，龙血树属植物、百合以及金绿萝等也具有良好的净化空气作用。这些植物可以净化空气，减少空气中的含菌量，同时还能吸附大气中的尘埃。图7-1所示的大厅中央绿化，能较好地净化室内空气，改善室内小气候，达到良性循环。

图 7-1　大厅中央绿化

2. 组织空间

合理利用室内绿化，可以有效地组织空间，具体表现在以下几个方面：

（1）分隔空间。现代建筑室内空间较大，空间功能复杂多样，如酒店大堂、餐饮空间、商业空间、办公空间等大型公共空间，各个不同的功能空间既要分区明确、相对独立，又要隔而不断，相互联系。合理利用绿化来联系与分隔空间则是这种功能复杂的大空间较为理想的一种空间组织方法，它分隔灵活，隔而不塞，既相互独立，又完整统一，还能起到美化环境的作用。在一些空间的交界处，如室内外空间之间、室内地面高差交界处等，还可以利用绿化提示、加强空间的划分；放置在空间出入口处可以起到屏风的作用。分隔方式可以采用地面分隔方式，如有条件，也可采用悬垂植物由上而下进行空间分隔。图 7-2、图 7-3 所示为用绿化分隔空间的实例。

图 7-2　酒店大厅绿化分隔空间

图 7-3　绿化分隔空间

（2）引导空间。引导空间的方法有很多，以绿化为纽带引导、连接相邻空间的方法更亲切、更自然，尤其是室内外空间的联系与过渡，利用绿化的延伸引导人从室外进入室内，加强室内外的联系与统一。常用手法是在入口处，室内空间的交叉处、转折处、高差变化处，合理布置绿化，吸引人们的注意，从而起到暗示和引导的作用，如图 7-4、图 7-5 所示。

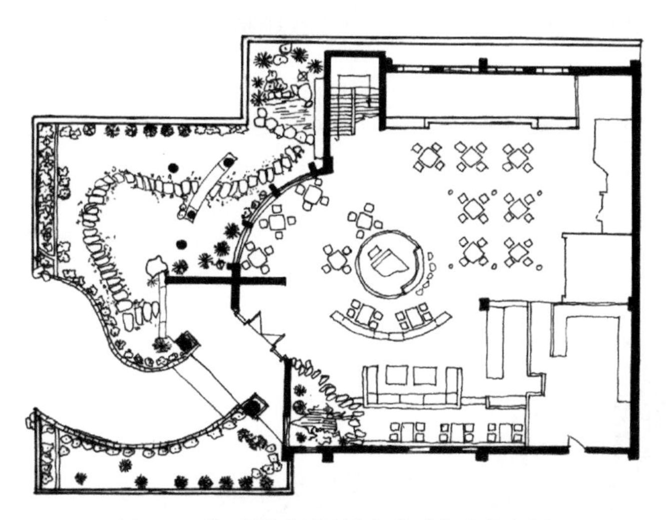

图 7-4　某西餐厅利用绿化联系室内外空间

图 7-5　绿化引导空间

（3）强化空间、填补空间。在室内空间中，通常情况下会利用空间中的边角地带布置绿化，起到填补空间、丰富空间效果的作用，如图 7-6 所示。但在一些重要的空间，如大门入口处、交通转折处、楼（电）梯出入口、过厅等，可以在醒目位置摆放一些装饰效果好、品种名贵的绿色植物或花卉，起到突出重点、强化空间的作用，如图 7-7、图 7-8 所示。

图 7-6　边角地带布置绿化

图 7-7　楼梯口布置绿化

图 7-8　交通转折处布置绿化

3. 美化环境、陶冶情操

绿色植物具有顽强的生命力和独特的自然美，能引人奋发向上，热爱自然，热爱生活，可以使室内空间充满蓬勃向上的生机和活力，使室内环境富有动感，丰富空间效果。尤其是现代室内装饰多选用简洁明快的设计，空间界面及家具的质地多采用光洁细腻的材料，绿色植物轮廓自然、形态多变，通过色彩、质地、形态上的对比，有利于消除建筑实体的生硬感和单调性，能够使人工建筑与自然景物互为补充，从而增强室内环境的表现力，如图 7-9、图 7-10 所示。

图 7-9 中庭空间绿化

图 7-10 卫生间内绿化

品种繁多的室内植物不仅形态优美，更被人们赋予丰富的精神内涵，如岁寒三友松、竹、梅，花中四君子梅、兰、竹、菊等，它们可以使室内空间环境更具内涵与魅力，满足人们的精神需求，达到陶冶情操、净化心灵的作用。

7.1.2 室内植物的分类

室内植物可以从多种角度进行分类：从植物类别分为草本植物、木本植物、藤本植物、肉质植物；从观赏角度分为观叶植物、观花植物等。图 7-11 所示为室内空间中常用的几种植物。

下面从审美角度对观叶植物进行分类，可分为以下几种：

（1）形态优美的室内观叶植物。此类植物形状奇特或形态优美，表现为一种美的属性而得到人们的青睐。如散尾葵、花叶芋、丛生钱尾葵、龟背竹、麒麟尾、变叶木等。

（2）色彩丰富的室内观叶植物。此类植物可直接影响人的情绪变化，使人宁静或使人振奋。因为人对色彩非常敏感，利用植物颜色的变化，创造感官认识，会取得意想不到的效果。彩斑观叶植物和观花植物色彩丰富，如银星海棠、吊兰、虎尾兰、珊瑚凤梨、马尾铁树等。

（3）枝叶具有一定图案的室内观叶植物。此类植物的枝叶呈某种整齐规则的排列形式，从而构成图案性的美。如伞树、龟背竹、鸭脚木、观棠凤梨等。

（4）具有垂吊感的室内观叶植物。此类植物茎叶垂悬，线条变化丰富，而显出优美姿态和立体感。如吊兰、吊竹梅、常春藤、白粉藤、文竹等。

图 7-11　室内空间中常用的几种植物

（5）攀附美的室内观叶植物。此类植物依靠其生根或卷须和吸盘等，与装饰物缠绕，并和吸附物巧妙地结合，姿态万千。如黄金葛、常春藤、鹿角蕨等。

室内植物只有与室内环境在形式上协调，才能发挥良好的装饰效果。这里就要考虑室内整体的装饰的风格、情调。如盆景只有在特有中式的室内装饰中，或在红木几架、博古架以及中国传统书画的衬托下，方能体现中国传统文化和审美情趣的艺术特点和装饰效果；各种观叶植物在室内装饰时，只有在特定的室内环境下，才能使其富有清新、洒脱、典雅的艺术韵味，达到既保留传统的自然风格，又具备现代艺术的某种抽象美和图案美。

7.1.3 室内绿化的配置

室内植物的观赏性主要取决于它的自然属性，以及由此而构成的形态、色彩等。如色彩鲜艳的花卉使室内绚烂多彩；造型奇特、古朴典雅的盆景使室内充满浓郁的怀旧风情；枝粗叶茂的观叶植物给人蓬勃向上的生命力；线条优美的藤本植物使人赏心悦目。

室内绿化的配置，首先要考虑室内的特殊生态条件。相对来说，室内空间封闭性较强。在这个人工小气候环境里，生态条件具有特殊性，即室内温度较稳定，温差变化小；缺少阳光照射；室内空气比室外干燥，湿度低；室内通风相对较差，二氧化碳浓度较高。

因此，选择室内植物要从两方面考虑：一方面是选择的植物适应室内环境，即植物能在室内环境中存活、生长；另一方面是选择室内空间适合的植物，即根据空间功能、使用性质、空间尺度等选择适宜的植物。如儿童房不能摆放仙人掌；公共空间大堂、中庭等可以选择高大的乔木，而小空间应选择体型相对较小的植物。图7-12所示为某大厦大厅以乔木灌木为主的绿化，图7-13所示为某住宅起居室内的盆栽植物。

图7-12 某大厦大厅以乔木灌木为主的绿化

图7-13 某住宅起居室内的盆栽植物

通常情况下，多数选用的是观叶植物，还有一部分采用观花植物、盆景植物，选择这些植物是由环境生态特点决定的。只有了解了植物生长习性和室内环境特点，才能达到美学和生态学的统一。

7.1.4 室内绿化的布置方式

1. 陈列式布置绿化

陈列式布置绿化是室内绿化装饰最常用和最普通的方式，包括点、线和面三种。点式绿化是指独立或成组放置的盆栽、灌木，具有较强的观赏性和装饰性。将盆栽植物置于桌面、茶几、柜角、窗台及墙角，或在室内高空悬挂，构成绿色视点，如图 7-14 所示。线式绿化是将一组盆栽植物连续布置，多用于划分空间，起到区分室内不同用途空间的作用；或与家具结合，起到界定空间的作用。面式绿化多用于背景，几盆或几十盆成片摆放，可形成一个花坛，产生群体效应，也可以用来遮挡空间中的有碍观瞻的东西，同时可突出中心植物主题。

图 7-14 点式绿化

采用陈列式绿化装饰，主要应考虑陈列的方式、方法和使用的器具是否符合装饰要求。传统的素烧盆及陶质釉盆仍然是目前主要的种植器具。至于近年来出现的表面镀仿金、仿铜的金属容器及各种颜色的玻璃缸套盆可与奢华的西式风格相协调。总之，器具的表面装饰要视室内环境的色彩和质感及装饰情调而定。

2. 垂直绿化

垂直绿化通常采用攀附式绿化、悬吊式绿化、壁挂式绿化三种形式。

大厅、餐厅等室内某些区域分隔时一般采用攀附式绿化，通常植物紧贴墙面、柱面，或与某种条形或图案花纹的栅栏相结合，攀附植物要与攀附材料在形状、色彩等方面相协调，使室内空间分隔合理、协调而且实用，如图 7-15 所示。

在室内空间较大的情况下，可以结合顶棚、灯具或墙角、家具旁吊挂一定体量的悬垂植物，如图 7-16 所示。这样既可净化空气，又可改善室内人为空间的生硬线条造成

图 7-15 某餐厅绿色植物沿柱子攀附绿化

图 7-16 悬吊式绿化

的枯燥单调感，营造出生动活泼的空间立体美感。这些植物还需相应的器皿进行装饰，如金属制成的装饰托盘、木雕的花盆或塑料吊盆等，总之要使之与所配材料有机结合，以取得意外的装饰效果。

壁挂式绿化包括挂壁悬垂法、挂壁摆设法、嵌壁法和开窗法。具体的做法是在墙上局部挖一些壁洞，在壁洞放置盆栽植物；或在墙壁上设立支架，在不占用使用面积的情况下放置花盆，以丰富空间，如图 7-17 所示；或沿墙面设置花池，然后种上攀附植物，使其沿墙面生长，形成室内局部绿色的空间，如图 7-18 所示。采用这种装饰方法时，还应考虑植物的姿态和色彩。在植物选择上常用悬垂攀附植物，只有搭配合适，才能创造出深受人们喜欢的室内绿化空间。

图 7-17 壁挂式绿化（一）

图 7-18 壁挂式绿化（二）

3. 栽植式绿化

栽植式绿化对室内空间有一定的要求，多用于空间充分的场所，如室内花园及室内大厅。栽植时，一般采用自然式，即乔木、灌木及草本植物和地被植物组成层次，聚散相依、疏密有致，并注重姿态、色彩的协调搭配，适当采用室内观叶植物的色彩来丰富整体绿化效果；同时考虑与山石、水景组合成景，人在此环境中心旷神怡，有回归大自然之感，如图 7-19、图 7-20 所示。

图 7-19 层次丰富的栽植式绿化

图 7-20 与山石、水景结合的栽植式绿化

7.2 室内水景与山石

室内水景与山石，可以作为重要景观，可以烘托环境气氛，还可以成为组织空间的手段。

7.2.1 室内水景

1. 室内水景的作用

室内水景可以改善小气候，同时可供人欣赏，使人在精神上得到满足；另外，它还可以使室内空间更加丰富化，如图 7-21 所示。

图 7-21 广州白天鹅宾馆水景

2. 室内水景的种类

室内水景的种类很多，常用的有水池、喷泉、瀑布和壁泉。

（1）水池。我国造园艺术中的理水，就是以营造水池为主要内容。古人云“石令人古，水令人远”“仁者乐山，智者乐水”，都反映了山水的联系。室内筑池蓄水，或以水面为镜、倒影为图作影射景；或池内筑山设瀑布及喷泉，不同意境的水景，使人浮想联翩，心旷神怡。

室内水池根据室内不同空间大小和设计风格的不同大致可分为规则几何型和自然型。规则几何型水池，其平面可以是各种各样的几何形，也可以是立体几何形的设计，如方形、圆形、椭圆形、曲直线结合的几何形，如图 7-22 所示。自然型水池是模仿大自然中的天然水池，这类水池平面曲折有变，有进有出，有宽有窄；虽由人工开凿，但宛若自然天成，无人工痕迹，如图 7-23 所示。

图 7-22 规则几何型水池

图 7-23 自然型水池

（2）喷泉。喷泉是室内水景常用的一种手法。它能活跃气氛，历来为人们所喜爱。喷泉常与水池、山石、雕塑相结合；也常用灯光增强效果和利用声音来控制。随着科学技术水平的发展，出现了由机械控制的喷泉，对喷头、水柱、水花、喷洒强度和综合形象都可按设计者的要求进行处理。近年来又出现了由电脑控制的带音乐程序的喷泉、图案变换喷泉、时钟喷泉等。华丽的喷泉加上变幻的各种彩色光，其效果更为绚丽多彩，如图 7-24 所示。

（3）瀑布。瀑布在各种水景中，气势算是最雄伟壮观的。在室内利用假山、叠石及底部挖池作潭，使水自高处泻下，落入池潭之中，若似天然瀑布，如图 7-25 所示。瀑布有挂瀑、叠瀑和帘瀑等多种形式。设计室内瀑布不在乎追求大小，而在于它是否具有天然的情趣。在设计手法上，应尽可能做到水流曲折、分层、分段地下落，这样落差和水声使室内变得有声有色，静中有动，成为室内赏景和引人注目的重点，如图 7-26 所示。

（4）壁泉。壁泉可视为喷泉的一种，它的出水口就设在作为界面的墙壁上，也有一些出水口设在水池的池壁上或局部实墙上，如图 7-27 所示。

图 7-24 室内喷泉

图 7-25 室内瀑布

图 7-26 叠瀑

图 7-27 壁泉

壁泉的墙面可为平面，也可用壁龛装饰，或用大理石、卵石、条石、块石等砌成质地特别的表面。喷水口可隐藏在块石之中或用石雕铜雕等装饰，如动物头像、人物头像或抽象雕塑等。

室内壁泉一般尺度不大，不取气势专取情趣，力求地点巧妙，便于观赏。如设在厅、堂的正面或一角，人们在休息时能看到静中有动的情景，就恰到好处了。

7.2.2 室内山石

1. 室内山石的作用

石在室内空间中虽然不如植物和水一样能调节环境小气候，但由于它的造型和纹理都具有一定的观赏作用，又可叠山造景，所以石也是室内空间设计中不可缺少的重要元素之一。古有“园可无山，不可无石”“石配树而华，树配石而坚”，可见石在作景造园中的作用。

2. 室内山石的种类

常用于室内的石有太湖石、英石、蜡石、黄石、锦川石等多种，如图 7-28 所示。

（1）太湖石。太湖石又称湖石，运用较早且应用广泛，产自洞庭湖中。它质坚面润，形态奇异，嵌空穿眼，纹理纵横，扣之有声，是室内石特别是峰石的首选。

（2）英石。英石产于广东，石质坚而润，色泽为灰黑色，面多皱多棱，结晶奇特，岭南多叠山。多用于室内景园，另外，可做几案小景陈设。

（3）蜡石。蜡石油润如蜡，形圆可玩，表面淡黄，散置于草坪、树下、水边，既可歇息，又可观赏。

（4）黄石。黄石质坚色黄，纹理朴拙，此石多为常州、苏州、镇江所产为著。

（5）锦川石。锦川石又称石笋，体态细长如笋，表皮有斑。常置于竹丛花墙下，取雨后春竹之意，作春景图。

太湖石

英石

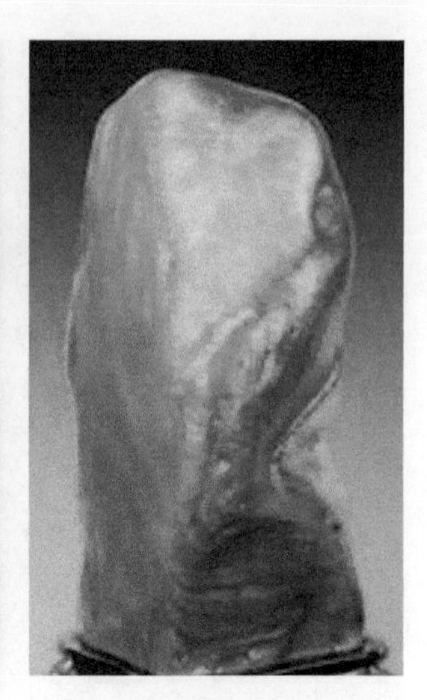
蜡石

黄石

锦川石

图 7-28　几种常见的室内石材

3. 室内石景的分类

室内石景大致包括假山、峰石、石洞和散石等。

（1）假山。室内叠山，必须有足够的室内空间。室内的假山多作为背景，给人们留出一定的观赏距离，尽量与绿化、水体配置相结合，切忌紧贴顶棚，只有这样，才有利于远观近看，如图 7-29、图 7-30 所示。

叠石筑假山，要达到较高的艺术境界，需遵循一些基本的规律：一是所选石材种类要统一，不要用不同的石材混堆；二是所选石材纹理要统一，施工时，按石料纹理进行堆叠，使人感到山体余脉纵横有向、上下延伸；三是所选石色要统一，即尽量选用色彩协调统一的石材。室内叠石筑山，最忌俗字，叠得不好，俗不可耐，还不如不要。尽量做到山水相依，相辅相成，同时还要注意主次分明、情景交融，寓情于石。

图 7-29 假山实例（一）

图 7-30 假山实例（二）

（2）峰石。单独设置的山石，应选形状、纹理优美者。可按上大下小的原则竖立起来，以便造势。

选择峰石一定要严格，湖石空透而不琐碎；黄石浑厚多变化。配置湖石不要流露出矫揉造作的痕迹；配置黄石要力求美观耐看，不失质朴的性格。

当同时采用几块峰石垒砌时，应保持上大下小的态势，要富有动感而不失去平衡和稳定，要浑然一体，不露人工制作的痕迹，如图 7-33 所示。峰石也可像雕塑一样放置在基座上，与水体、绿化相结合。

图 7-31 几种峰石组合方式

（3）石洞。在室内设置石洞会增加室内的自然情趣，但要利用得当。空间可大可小，体量应视洞的用途、洞与相邻空间的关系来确定。洞与相邻空间应若断若续，构成浑然为一的有机体；还要注意与绿化配合设计，构成整体空间。

（4）散石。散石在空间中起到点缀作用，经过精心巧妙的布置，能增加室内环境气氛。散石的布置方式相当多，可以放置水中，可以立于岸边，可以嵌入草坪，姿态万千，情趣各异。在布置时要注意构成关系，聚散得体，错落有致；力求观赏价值与使用价值相结合，并符合形式美的原则。

7.3 室内小品

室内小品很多，如标牌（日历牌、留言牌、路标、公告牌等）、烟灰缸、休息凳、桌子、柱杆、痰盂、果皮箱等，和人接触较多，且处在人们的视野之中，尽管体量不大，却很重要，其造型、体量、质地、色彩和格调必然影响整个室内环境效果，所以，室内小品是室内设计中一个不可忽视的部分。良好的小品能为环境增光，低劣的小品会使环境减色，以至于完全破坏环境的气氛。

室内小品设计与选择要在室内总体设计时统一考虑，仔细推敲。根据室内小品精美、灵巧的特点，灵活布置，不拘一格。抓住小品的本质并结合到造型中去，然后进行布局点缀，巧妙而得体，起到画龙点睛的作用。

实训练习 4　室内家具、陈设、绿化的选择和布置

实训目的：通过实训练习，使学生进一步理解家具、陈设、绿化在建筑装饰设计中的作用和家具、陈设、绿化的配置原则，掌握家具、陈设、绿化的选择和布置方法。

实训项目：室内家具、陈设、绿化的选择和布置

实训内容：

（1）参观家居、家具、工艺品商场和花卉市场，了解市场中家具、陈设、花卉植物的品种类型、风格特色、市场价格等，以拓宽视野、丰富感性认识、开阔设计思路。

（2）根据指定条件，对单元式住宅进行室内设计，主要是室内家具、陈设、绿化的配置。

某单元式住宅，户型为三室两厅，面积为 120m^2 左右，框架结构（图 7-32，仅供参考，具体由教师提供住宅建筑平、立、剖面图一套），业主为高校教师，三口之家。要求学生运用所学知识，根据业主需求（业主的性格、年龄、兴趣、爱好等可由教师拟定，也可由学生自行拟定）进行室内设计，要求结合平面布局和空间组织，以室内家具、陈设、绿化的选择和布置为设计

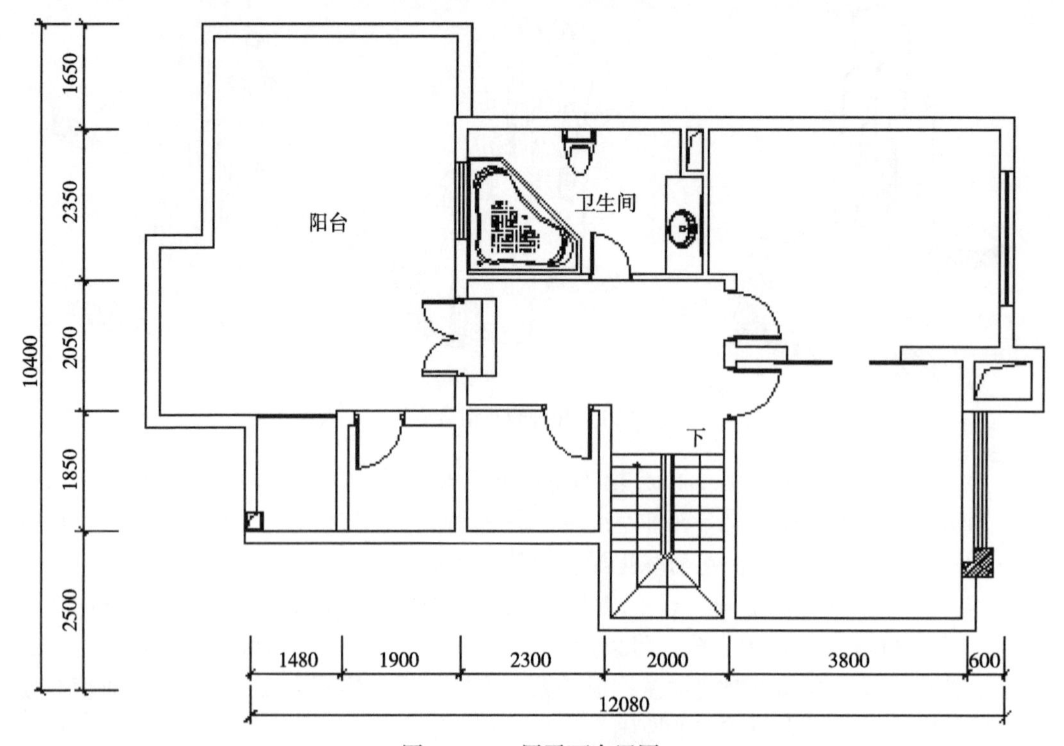

图 7-32　二层平面布置图

重点。

实训要求：

（1）树立以人为本的设计观念，以业主的生活需要、兴趣、爱好等为设计出发点，精心营造一个风格突出、个性鲜明、富有人文气息、温馨舒适、充满生机、富有时代感的室内环境。

（2）在空间组织和平面布局时，尽可能地发挥家具、陈设、绿化的空间职能作用，使空间分隔灵活自然，又有机联系，并提高空间利用率。

（3）家具、陈设的选择与布置首先要满足使用要求，并能体现整体设计格调，起到强化室内空间风格、烘托环境气氛的作用。同时注意结合界面装饰，在造型、色彩、材料质地等方面形成丰富的变化，并使空间构图关系均衡。

（4）植物的选择与布置应符合家居生活要求，适当配置，使之发挥净化空气、美化环境的作用，使空间充满生机和活力。

（5）要求绘制出单元式住宅的室内设计方案，图样内容包括：

1）平面布置图（1∶50）。

2）顶棚平面图（1∶50）。

3）立面图（1∶50）。

4）室内效果图（至少一张，表现手法自定，比例自定）。

5）室内局部或家具、陈设、绿化小品的效果图，至少两张。

6）设计说明。

第8章　建筑外部装饰设计 | CHAPTER 8

学习目标：通过本章的学习，了解建筑外部装饰的含义，了解建筑外部装饰设计的基本原则，掌握建筑外观装饰设计的基本方法，掌握建筑外部环境设计的内容和方法，能够灵活运用相关设计原则和设计手法进行建筑外部装饰设计。

8.1　建筑外部装饰设计概述

在建筑发展的过程中，建筑的形象始终是建筑设计及建筑装饰设计的重要内容。尤其是19世纪末以前，建筑外观形象及其外部环境的美观问题，是超越建筑使用功能的主导设计要素。现代主义建筑出现以后，虽然将室内空间作为设计的主角，强调建筑的使用功能是设计的最基本要素，但建筑的形象及其室外空间环境仍是现代设计的重要内容，人们在重视室内空间设计的同时，丝毫没有轻视建筑外部的设计。如美国现代建筑大师赖特提出了“有机建筑”理论，认为建筑与其环境是有机的整体，流水别墅就是这一理论的最佳阐释，如图8-1所示。以澳大利亚的悉尼歌剧院为代表的一些现代建筑也都因其富有象征性意义的美丽外观与环境完美融合而备受世人瞩目。

图8-1　流水别墅

所以，建筑外部装饰设计始终是建筑装饰设计的主要内容之一。任何设计，只有实现建筑室内外的协调统一，才是一个完美的设计。

8.1.1　建筑外部装饰设计的任务

建筑及其外围小环境是人们生活环境中的一个重要组成部分，特别是现代社会，随着人们生活质量和品位的不断提高，对生活的室内外环境乃至城市环境有了较高的要求，建筑的外部装饰设计也变得相当重要。

建筑外部装饰设计就是运用现有的物质技术手段，遵循建筑美学法则，创造优美的建筑外部形象，营造出满足人们生产、生活活动的物质需求和精神需求的建筑外部空间环境。

8.1.2 建筑外部装饰设计的内容

建筑外部装饰设计包括建筑外观装饰设计和建筑外部环境设计两部分内容。

（1）建筑外观装饰设计的目的是为建筑创造一个良好的外部形象，具体的设计内容有：

1）建筑外观造型设计。

2）建筑外观色彩和材质肌理的设计。

3）建筑入口、阳台、橱窗等细部装饰设计。

（2）建筑外部环境设计则是对建筑附属的室外小环境进行创造设计。其设计的主要内容有：

1）室外空间组织设计。

2）室外绿化小品设计。

3）室外灯光设计。

4）室外公共设施的设计。

建筑的外观形象和它的外部环境是一个有机的整体，两者应协调统一。因此，建筑外观装饰设计和建筑外部环境设计两部分应统筹考虑，综合构思。同时，还应考虑对城市环境的影响。

8.1.3 建筑外部装饰设计的基本原则

建筑的功能、形象、物质技术条件是建筑的三要素，建筑的外部装饰设计同样受到它们的制约；“适用、经济、美观、安全”的建筑方针，仍是指导建筑外部装饰设计的原则。除此之外，建筑外部装饰设计还要遵守以下几项原则。

1. 环境的整体性和多样性

任何建筑都不可能孤立存在，它必然与其他建筑、各种室外设施构筑形成建筑外部小环境，多个建筑小环境形成街道，若干条街道扩展形成社区，社区相连形成城市。由此可见，建筑及其外部小环境是街道环境、社区环境、城市环境乃至自然环境的有机组成部分。所以，建筑外部装饰设计必须从街道景观、城市环境的整体考虑，确保城市总体环境的协调统一。

同时，人们在日常生活和社会交往中，对生活空间的多样化、个性化追求也越来越高，逐步由个人空间扩展到公共空间，由室内空间扩展至室外空间。因此，建筑外部装饰设计应在统一的、整体的城市环境氛围中，针对各个聚居群体的不同需求，巧妙运用设计手法，创造出丰富多彩、新颖独特的建筑外环境。

2. 时代感与历史文脉并重

“建筑是石刻的历史”，建筑总会从各个侧面反映出一个时代的哲学思想、美学观念、社会经济、科学技术水平、民风民俗等。建筑装饰与人们的物质、文化生活联系尤为密切，任何建筑装饰设计总会烙有时代的印记。因此，在建筑外部装饰设计中，应充分运用新知识、新理念、新材料和新技术来创造新颖独特的建筑形象及外部环境，来满足人们不断发展的生活需求和审美要求，更好地体现时代的特征。

同时历史又是延续的。任何一座城市，都有其独特的历史。建筑及其小环境作为城市环境的基本组成单位，在设计中，不仅要体现时代特色，还应注意历史文脉的延续，只有这样才可能创造历史悠久、文化底蕴深厚的城市环境。

3. 设计的科学性和以人为本

所谓设计的科学性，就是在建筑外部装饰设计中，应依据相关设计科学理论和设计规范，如人体工程学、环境行为学、现行的建筑设计规范等，在调查研究的基础上进行理性的分析，运用科学技术手段进行装饰设计，而不能主观臆断或仅凭经验、感觉处理。同时，应在设计中体现"以人为本、为人服务"的设计理念，切实为人们创造出实用、方便、舒适、优美的建筑外部环境。如现在的一些大厦中采用了无障碍设计，就是人文关怀的一种体现。

8.2 建筑外观装饰设计

建筑的外观形象最容易引起人们的注目，它直接影响着室外空间的构成关系和环境氛围，对街道景观、城市环境影响也很大。一般当人们远距离观赏建筑时，建筑的体量、造型、体块组合关系成为视觉的重点；而当人们缓步慢行于建筑近旁时，建筑的空间关系、材料质感与肌理、细部装饰等则受到关注。因此，在建筑外观装饰设计时，应综合考虑建筑造型、色彩、材质、细部装饰设计以及照明设计等，以获得远眺、近观以及夜间观赏俱佳的视觉效果。

8.2.1 建筑外观造型设计

任何一个建筑都是外部环境的有机组成部分，同时又有具体的使用功能。环境对建筑外观造型有一定的要求，而建筑的使用功能也在一定程度上制约着建筑外观造型，故建筑的外观造型设计既要考虑周边环境条件，又要反映自身的功能特点。

1. 建筑外立面的形式

建筑外立面的形式是影响建筑造型的重要因素之一。建筑的立面形式主要有以下几种：

（1）分段式。分段式是指建筑立面在垂直方向的划分。一般在建筑中多采用三段式划分的方式，即屋基、屋身及屋顶，这主要由建筑的性质所决定。屋基多采用较空透的形式，适于作为商业用途，也有的将这一部分局部架空，以吸引大量人流的进入。中部在整个造型中所占比例较大，往往采用水平、垂直及网格的划分，水平方向划分使建筑造型显得轻快、平静；垂直划分则造成高耸、挺拔的效果；网格划分则有图案感。檐口部分作为整体的结束部分，通常与中部采用对比的处理手法，如图 8-2 所示。

图 8-2 芝加哥 CPS 百货公司大楼

三段式构图形式较自然地反映了建筑内部使用空间的性质，所以长期以来被广泛采用，但应避免千篇一律。随着新材料的不断涌现，立面的三段式构图形式也有所创新。图 8-3 所示为日本某商业中心，其立面设计在三段式基础上经过推敲，打破了传统的屋基、屋身、屋顶的分段方式，基部是虚的柱廊，并根据楼梯的形式逐段抬高。中部采用实的铝合金墙面，立面比例经过严格推敲，采用 1.3m 见方的方格构图，使日本传统建筑立面薄、轻的质感和方格构图形式传神地再现出来，而且在立面上运用各种几何图形位移、穿插、拼贴及空格等变化，形成了丰富的光影效果和虚实变化，把现代与传统、东西方文化、历史与未来融合在一起。

（2）整片式。整片式构图是一种较为简洁的处理方式，富有现代感，如图 8-4 所示。它又分为两种形式，一种是封闭式的，另一种是开放式的。封闭式多采用大片实墙面，以创造不受任何外界干扰的室内环境，并利用大片实墙面，布置新奇的广告标志以吸引顾客。开放式则是为了创造一种室内外空间相互融合、相互渗透的环境氛围，以增强室内外空间的联系，丰富空间层次。玻璃幕墙是应用最为普遍的一种，而且玻璃幕墙具有白天、夜晚两种不同的效果，白天玻璃幕墙可反映周围环境的热闹景象，而晚上灯火辉煌的室内空间，将五彩缤纷的室内商品及熙熙攘攘的购物人流展现在行人面前，以激起人们的购物欲望，产生引人入店的魅力。

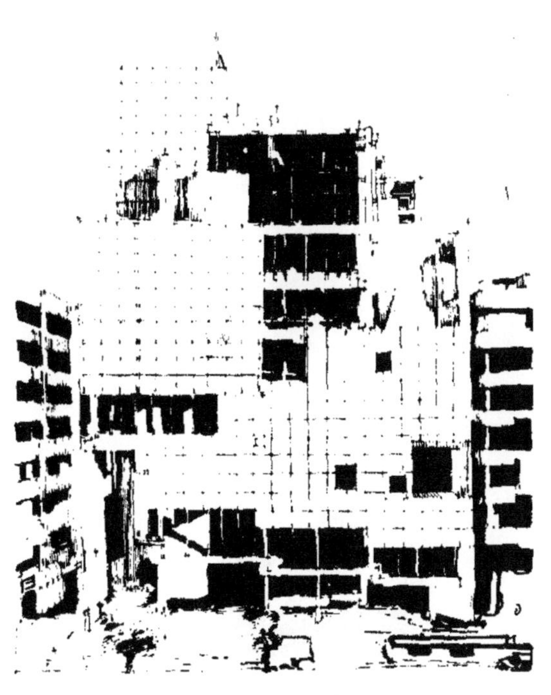

图 8-3　日本东京某商业中心

图 8-4　具有现代感的外观造型

（3）网格式。网格式构图充分反映出建筑结构的特点，现代建筑越来越多地采用框架结构，在建筑立面处理时，根据框架的布置和功能使用要求，可采用网格的划分方式。但网格立面形式往往较为平淡，设计师需要通过改变窗间墙比例、局部凸出或凹入、改变转角形式等处理手法来获得丰富的变化和新颖的造型，如图 8-5 所示。

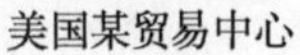

美国某贸易中心

加拿大多伦多皇家码头总站大厦

图 8-5　网格式处理方法

2. 建筑造型中的点、线、面基本元素的处理

点、线、面是建筑装饰设计的基本要素，无论室内装饰还是室外装饰都离不开这些要素的运用。外立面设计应从整体出发，以美学规律为原则，运用比例、均衡、对称、统一、变化以及虚实对比等方法，求得变化。窗子部位阴影与侧面实墙形成强烈的对比，横向线与侧墙竖向线形成对比，竖向小窗口既与建筑走道相对应，又形成线的感觉与正面窗子横向线形成对比。大面积的墙面与横向小窗子和入口雨篷形成实与虚的对比，入口雨篷和台阶与大面积墙面形成横竖对比，如图 8-6 所示。

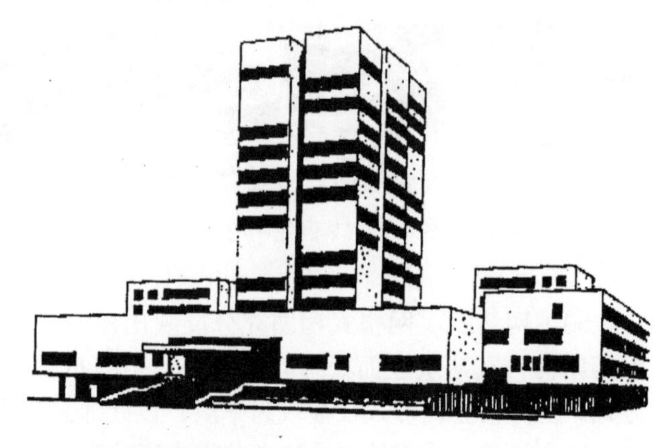

图 8-6　点、线、面处理方法

3. 建筑造型与相邻建筑的协调

针对不同类型的建筑和具体的环境条件，在与相邻建筑的协调问题上，常用的造型设计处理手法有三种：一是对比手法；二是协调手法；三是过渡手法。

对比手法，即无论相邻建筑建造在什么年代或是什么形式，建筑造型设计完全依据设计师所在时代的物质技术条件、审美需求等进行，装饰造型必然反映出新时代的风貌与精神，从而与相邻建筑之间形成对比关系。对比又分为两种，一种是强烈对比，相邻建筑之间无任何关系，因此显得较为生硬，甚至不可思议，如图 8-7 所示；另一种则是采用了巧妙的构思手法，如图 8-8 所示，美国波士顿汉考克大厦上部的玻璃幕墙反映了天空的景色，体现了现代光亮派建筑的特点，建筑下部玻璃反映出教堂优美华丽的景象，从而形成了一种虚拟的协调关系。

图 8-7　文德特尔保险公司与卡尔斯教堂

图 8-8　汉考克大厦与三一教堂

协调手法，就是要在两幢不同时期的建筑物之间创造出连贯的、和谐的视觉关系。这就要求在建筑造型设计时，采用一些与相邻建筑相似的母体或形制，包括相似的细部处理，如以相同的形状为母体，或相同的构图形式，或采用相似的高度、体量，甚至相似的墙面材料、檐口形式、门窗装饰、栏杆形式等。这样有利于文脉的延续，但文脉的继承并非简单的复古和相似关系，如果过多地追求与相邻建筑及其环境的和谐统一，则会产生一个“温和的”无创造力的建筑复制品。因此，既要注意与环境的协调，又不能失去自身的创新与特色。

图 8-9 所示为三幢比利时布鲁其斯住宅。这三个立面自左至右分别为哥特式、洛可可式和巴洛克式，虽然形式各不相同，但在视觉关系上却联系紧密，它们通过相似的高度和窗墙比例来平衡视觉关系，同时，三个立面还具有一些相似的视觉母体，虽然单个建筑都不具备所有的母体，但是通过两两交叉呼应，使它们结合在一起，形成了和谐的构图关系。

图 8-9 比利时布鲁其斯住宅

过渡的目的是尽可能避免新旧建筑直接碰撞，从而减少矛盾与冲突。一般情况下，过渡的形式有两种：一种是后退的方法，以便尽可能不引人注意；另一种是采用轻巧的钢和玻璃的连接体，这种透明、光洁的连接体与许多形式的建筑都协调，这是由于它的光洁和轻巧感与石质粗糙的沉重感巧妙地形成了对比，也产生了良好的连接效果。图 8-10 所示为马萨诸塞州南塔克特岛住宅扩建工程，两个建筑外墙均采用了横砌砖墙，并考虑新老建筑的衔接，若在转角处直接以直角形式交接，连接部分会很生硬，建筑师采用了后退的方法，使新老建筑过渡自然，看上去显得协调而富有变化。采用玻璃作为新老建筑之间的连接体，是惯用的手法，如图 8-11 所示，两幢相同立面形式的住宅，在两幢之间采用玻璃将其连接形成一幢整体的建筑形式，相互之间亲切而有情感。

图 8-10　后退方法

图 8-11　连接体方法

8.2.2　建筑外立面色彩设计

色彩是建筑物外观乃至整个建筑环境的重要因素之一。利用墙体材料的本色来达到设计要求是最经济合理和可靠的方法。材料的固有色充分体现了自然美，不会随岁月的流逝而暗淡逊色，因此，在现代建筑中仍经常使用这些本色的材料。希腊雅典的帕提农神庙是用当地淡红色的天然石材建造的，时隔数千年，尽管庙宇已部分坍毁，但在希腊湛蓝色天空的衬托下，其色彩仍旧十分绚丽。

外墙色彩是构成建筑环境的重要条件和视觉因素，色彩的选择不仅应考虑建筑物的性格、体量和尺度，也应为多数人所接受。建筑外立面的色调不宜过于刺激，对比不宜过于强烈，且色彩的饱和度不宜过高。宜以一种复合色为主，其他颜色处于从属地位。最忌多种颜色相间或交织使用，造成整个建筑画面烦琐、俗气和杂乱。中性色如灰色、白色或同一色相对深浅明暗变化比较容易掌握。不同色相，特别是对比色，应用时要谨慎。外墙色彩大面积应用时，应避免选用过纯的颜色，以免使建筑外观显得过于呆板、生硬和轻飘。如在纯黄色中适当加入少量红、蓝或绿颜料，使黄色调含灰、偏红或偏绿，就会显得比较沉稳大方；灰色的配色也是如此，稍微带有颜色倾向性的灰色就比简单的由黑、白两色配成的纯灰色效果要好得多。

在确定颜色时，不仅要考虑当前色彩效果，还要考虑日后的色彩效果，特别是表面粉刷材料色彩的应用，除注意特定饰面做法的耐污染与色彩的耐久性外，还要注意在不同地点观察时的色彩效果。对一些容易积灰又不容易清除的部位，应选择暗灰色成分较多的颜色为宜。一般浅淡明亮的颜色在大气污染比较严重的地区较易遭到污染，如果饰面材料的耐污染性能不好，就会很快失去其装饰效果。如绿色颜料的褪色程度比红色或黄色颜料要大；含灰的浅绿色，实际使用一段时间后，就有可能褪色变成接近普通水泥的灰绿色，从而丧失了原来的色泽效果。所以，在选定外墙色彩时，要选择比预期的颜色稍深、稍艳一些为好，这样可为日后的落色问题留有一定的余地。

8.2.3　建筑外立面材质设计

饰面的质感主要取决于所用的材料及装修方法。同样的材料、不同的装修方法，可以获得不同的质感。如同为聚合物水泥砂浆，采用抹光、弹涂、拉毛所获得的质感效果是不同的。

不同材料的质感不同，如铝板、塑铝板与玻璃幕墙就显得光滑细腻，而毛石、烧毛花岗石与喷砂面、混凝土等就显得粗犷和富有力度感，如图 8-12 所示。

图 8-12 石材的质感

需要指出的是，选择饰面质感不能只看所选材料本身装饰效果如何，而要结合具体建筑物的体型、体量、立面风格一并考虑。粗质的材料质地用在体量小、立面造型比较纤细的建筑物上就不太合适；体量比较大，采用粗犷的装饰混凝土墙面则能较好地体现建筑端庄的风格。一般建筑立面上的窗套、线条尺度比较小，采用平滑的质感材料能较好地体现线条的挺拔感；尺度相对大一些的墙体表面，则可以适当选择一些质地粗犷的石材饰面。

建筑外立面装饰设计往往采取对立面不同部位选择不同的饰面做法，以求得质感上的对比与衬托，较好地体现立面风格或强调某些立面的处理意图。质感的丰富与贫乏、粗犷与细腻是在比较中体现的。质量好的清水砖墙有良好的质感效果；但一栋建筑外墙全部都是一色的清水砖，就会显得单调贫乏。

8.2.4 建筑外部的细部处理

建筑的主要功能在于使用，使用时必然有出入口、阳台、走廊、标志标徽等及与之相关的建筑细部处理，这些细部处理也是建筑外立面装饰设计中的一部分，如何处理好这些与建筑造型相关的细部也是影响建筑外立面装饰造型的一个重要因素。

1. 入口

建筑入口是建筑总体形象极为重要的部位，它既是建筑外部环境的终结，又是内部环境的开始。当人们欣赏一幢建筑时，往往特别注意建筑入口与整体的比例、位置是否协调、合理，当人们进入建筑时，入口的细部处理往往使人们对建筑内部空间产生了第一印象。因此，如何设法做出别致新颖的建筑入口，是每个设计者所要精心考虑的。

（1）入口的位置。在建筑对外的联系中要考虑建筑与道路的关系，以便人流、车流更便捷地接近建筑，并能使人迅速、便捷地到达建筑内的各个部位。入口位置的确定还应考虑与建筑朝向、室外已有建筑、小品、地形、周围建筑形态等的关系，尽量避免环境对建筑入口设计的不利因素。建筑外部环境是制约建筑入口位置的关键，建筑入口的形态与建筑内部空间性质、建筑的可识别性、建筑的外观造型、建筑的使用性质等有着密切的关系。

（2）入口的形式。建筑的入口形式主要有三类：升高入口、凸出或凹进入口、夸张入口。

1）升高入口 ：通过入口与地面的高度差，地面与入口用台阶来连接，使升高的入口更加醒目。大型公共建筑中为了便于疏散，台阶常常做得较宽大，上升的台阶里有一定的导向性，进一步强化了入口位置。

2）凸出或凹进入口：将入口部分做凸出或凹进的处理。入口凸出的处理常表现为：与入口相关的建筑形体的凸出、入口上部外挑的处理和入口前廊道处理三种方式。凹进的入口方式则较含蓄，它是通过入口的退让产生一种容纳和欢迎的暗示；凹进的入口常通过柱、花坛、台阶的配合以加强引导性。

3）夸张入口 ：夸张入口是通过对入口的夸张处理以强调入口在建筑中的位置，这种夸张入口往往是该建筑外立面的构图中心。它能增进空间的层次，加强室内外空间的交流，同时为建筑立面上大块虚实对比关系的建立提供了可能，并能造成建筑的宏大气氛。这种方法常用在大中型公共建筑中，有一些建筑甚至将入口夸张到建筑的整个立面形成独特的效果，打破传统立面构图，增强视觉冲击力。传统的入口在人们心中已形成固定模式，因此在入口的处理上应采用非常规的构图，如菱形、不规则形等，以引起人们关注，起到强调入口的作用。

（3）入口的尺度。入口的大小要考虑建筑内部容纳人数的多少，出入时人流是否集中。一般来说，吸引大量人流的商业、文化娱乐、体育等性质的公共建筑，特别是剧场、体育场所出入的人流都较集中，入口必须符合设计规范。入口的大小还要与建筑本身的体量、高度等成一定比例关系。高层、大体量的建筑入口相应要高大、宏伟些，而住宅、小品建筑的入口形象应使人感到亲切、怡人。

（4）入口的设计手法。入口的设计手法多种多样，最主要的一点就是必须应用形、色、质、阴影等造型要素想方设法来突出建筑入口，如图 8-13 所示。

图 8-13　不同处理方式的建筑入口

1）强化入口雨篷以强调入口位置。这是店面装饰中最常用的手法，它通过入口上部雨篷的特殊处理以获得效果。雨篷对于建筑来说，其本身就是入口的象征和暗示，加之外突的形象更容易引起人们关注，所以这无疑是一种入口处理的有效手段，且无须对店面做大“手术”。雨篷的形式多样，可实可虚，可选材料范围也很广，呈现了极为丰富的变化。

2）为了使入口的门面与建筑高度、体量相适应，高层建筑的大门入口往往采用夸大门脸外形尺度的方法突出入口，用二层，甚至三、四层的高度来强化大楼的入口。

3）用变化入口门脸的材料，改变入口门脸的色调，利用地形抬高入口标高，增加入口踏步或利用凹入与凸出建筑等手段来突出入口。因此也可利用有利的环境，增辟门前广场，设置水池、门灯、雕塑等建筑外部环境的设计来烘托大门入口。

4）对大门结合建筑造型与装饰形态进行处理形成特殊的空间氛围，以加强入口。

总之，不管用哪种处理手法，目的都是为了更好地与环境相协调，把入口设计成良好的建筑外部空间与建筑室内空间的过渡，既体现建筑的整体形象，又给人留下美好的印象。

2. 阳台

在某些建筑中（如住宅、写字楼），阳台充当着重要的角色，成为不可缺少的建筑组成部分。它为人们提供生活、休息、观景的场所，也是人们与大自然对话的场所。在宾馆、招待所等公共建筑中，阳台的设置被看作是一种建筑造型处理的手段，阳台及阳台的光影效果形成极强的虚实对比，故阳台在建筑构图与建筑造型中起着非常重要的作用。随着建筑技术的发展，阳台的设计正朝着多样化、新颖化的方向发展，在建筑外观造型装饰中充当着画龙点睛的重要角色，如图 8-14 所示。

图 8-14 阳台的选型处理

阳台设计首先是使用功能，在平面尺寸、位置等方面具有较为特定的要求。必须在满足使用功能的前提下考虑装饰功能。在考虑装饰功能时，必须处理好与建筑主体的多种关系，如比例关系、造型关系、质感关系等，这样才能形成完美的建筑构图，既为居住者提供了完备的使用条件，又能满足居住者的心理要求与环境需要。阳台的设计与主体建筑的关系有三种，一种为凹阳台，一种为凸阳台，还有一种是两者结合的半凸半凹阳台。其造型复杂多变，有镂空的、实体的、纤细的、古典的等多种。在阳台形式上分为曲线型、直线型、转角形、折线型和实体式、透空式、半实半空式等。

3. 橱窗

橱窗是商店形象的重要组成部分。商店通过橱窗把商品展示给消费者，并通过橱窗的艺术形式吸引顾客，刺激购买欲望，扩大商品销售。在商店的平面布置中，橱窗以其自身的造景和分隔作用，创造虚拟空间，丰富空间的层次；在商店的立面处理上，橱窗以其自身的艺术造型，丰富沿街立面，美化城市。

橱窗结构既要保证观赏者获得良好的视觉效果，又要有良好的通风设施，陈列品的最佳范围由人的平均身高及最佳视距确定，如图 8-15 所示。仅从视线角度考虑，橱窗外部玻璃面高度为 2000~2200mm 即可，具体尺寸应结合立面整体效果和玻璃规格大小而定。橱窗内净高为 2600~3200mm，以便顶部安装照明设备，又可避免见到直接光源。

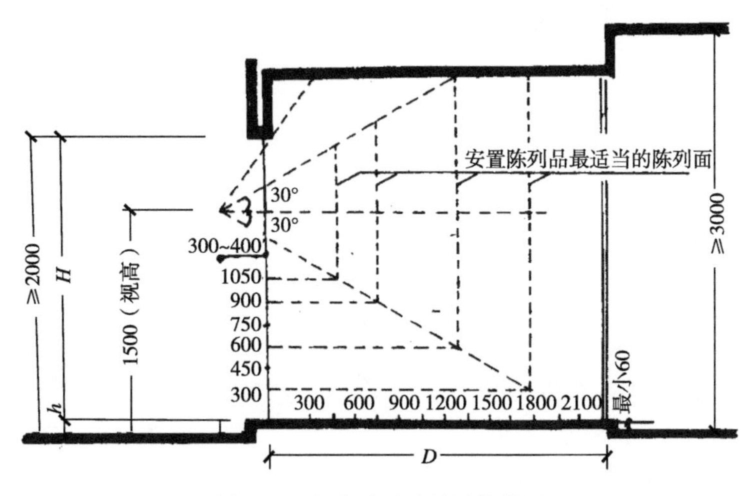

图 8-15　橱窗陈列品的最佳范围

橱窗距地高度视商品大小不同而异，一般为 300~600mm，小件商品如手工艺品等，可取 800~1200mm；大件商品如运动器材等，可使橱窗底板标高下降。

表 8-1 为各类商品对橱窗尺寸要求的参考表。

表 8-1　各类商品对橱窗尺寸要求的参考表

商店名称	橱窗尺寸 /mm		
	橱窗深度 /*D*	橱窗高度 /*H*	橱窗离地高度 /*h*
文具店、书店	600~1200	1200~2100	600~900
钟表、眼镜店		1200~1800	700~1100
手工艺品店		1000~2000	500~900
药 店		1800~2400	500~900
食品、糖果、烟酒店	600~1500	1500~2100	500~800
化妆品店		1200~2100	500~900
玩具店		500~2100	300~600
五金玻璃店	600~1800	1500~2400	300~800
花店		800~2100	300~600
鞋帽店		1500~2700	300~600
运动器材店	900~1800	1800~2700	300~600

（续）

商店名称	橱窗尺寸 /mm		
	橱窗深度 /D	橱窗高度 /H	橱窗离地高度 /h
自行车店	900~2100	1800~2100	100~300
布店、服装店	900~2400	500~2700	300~700
无线电器材店	1200~1500	2000~3000	450~600
家具店	1500~3000	1800~3000	100~300
中型百货商店	1200~2100	1800~2400	300~600
大型百货商店	1800~3000	2400~3000	300~600

橱窗的深度取决于陈列品的性质、大小及陈列品后部留出的空间。通常，大中型百货商店的橱窗深度为1500~2500mm，而小型商品如烟酒、钟表、手工艺品等的橱窗深度为1000~1200mm。

橱窗设计必须善于在有限的空间内，运用设计艺术和展示技术，充分显示商品的特色和魅力，发挥商品对消费者的诱导作用，使消费者对商场产生浓厚的兴趣和依赖，进而让消费者舒适、自然地漫游其中。为保证观赏者能清晰地看到陈列商品，橱窗要求能均匀地间接采光，并应尽可能避免眩光，如图8-16、图8-17所示。

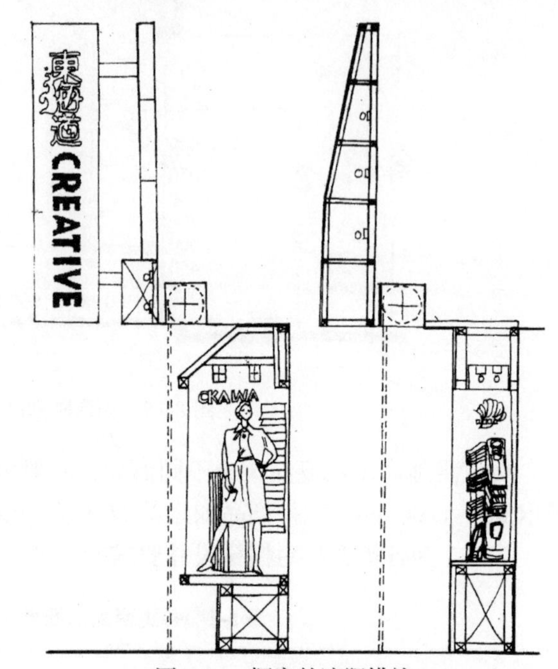

图8-16　橱窗的遮阳措施

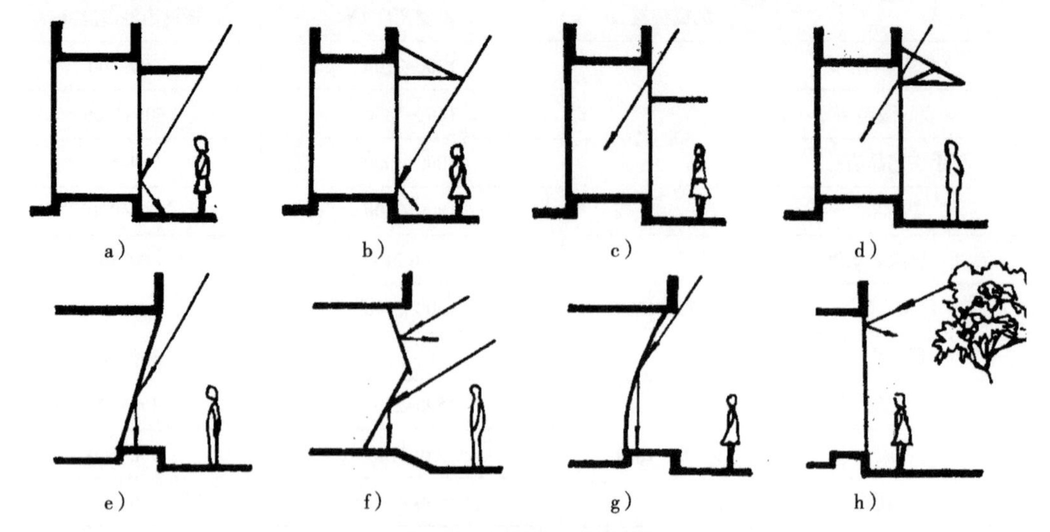

图8-17　减弱眩光的措施

橱窗的平面形式有凸出建筑物主体结构的、平行的或凹进建筑物等几种，如图 8-18 所示。

橱窗按剖面形成一般可分为封闭式、半开敞式和开敞式三种，如图 8-19 所示。

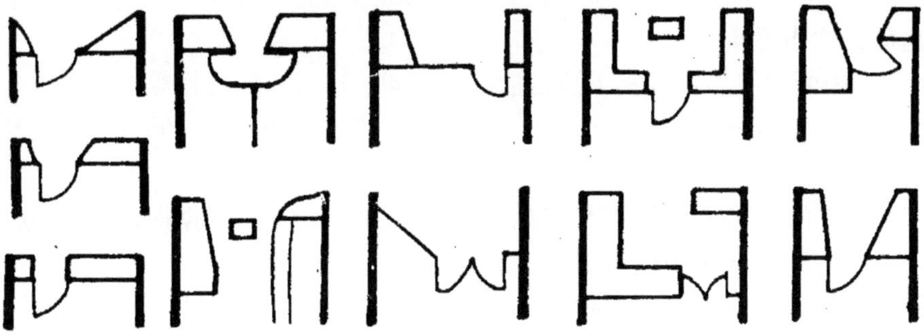

图 8-18　橱窗的平面形式

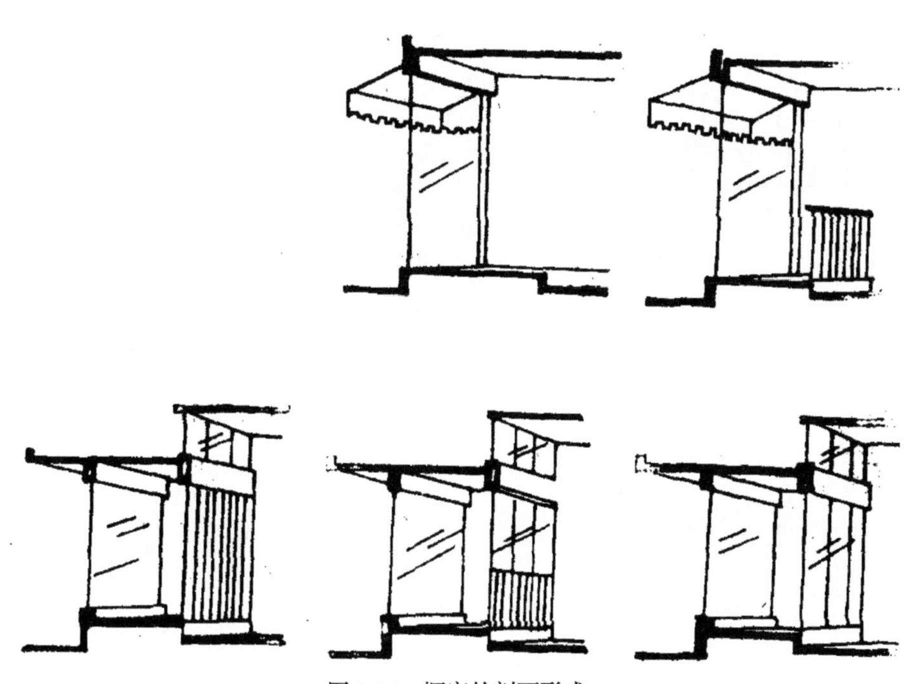

图 8-19　橱窗的剖面形式

（1）封闭式。封闭式橱窗不易进入灰尘，有利于保持陈列商品的清洁，但通风散热较差。按其背衬不同处理可分为隔绝式、透明式和半透明式。

1）隔绝式：即背衬用不透明材料制成，可根据商品的特点随时更换背衬。背衬后部可布置柜台及货架，使营业面积可被充分利用，但影响采光。

2）透明式：即背衬材料可用玻璃等透明材料制成，橱窗内外都能观赏。这类橱窗的陈列艺术性要求较高，并需要考虑立体效果。既使营业厅采光充足，又能使行人看到售货现场。

3）半透明式：即背衬用磨砂玻璃等材料制成，营业厅内光线柔和，有利于营造雅静舒适的环境。

（2）半开敞式 。橱窗背面和营业厅相通，使营业厅较多获得自然光线，但橱窗内易积尘，影响观感，仅用于中小型商店。

（3）开敞式。现代设计中，橱窗常用开敞式的处理手法，使商品直接面对顾客，让人产生亲近感。开敞式橱窗设计强调主题和戏剧性、富人情味的场景：春天的生机、夏天的浪漫、秋天的诗意、冬日的温馨；节日形象和热烈的色彩等。

4. 店面装饰构配件

店面装饰构配件，主要是指商店的店牌、店徽、广告、标志物等。它们与入口、橱窗一起构成了商店的识别性特征，为主动购物者提供选择的方便，同时也能激发被动购物者的购物欲望。

店牌与广告的安排同样应醒目突出。在店面上的位置，可根据视线特征和店面立面构图综合考虑，其大小应与店面的尺度相协调。

店牌与广告的形式多样，一般可分为悬挂式、支架式、贴附式三种形式，如图 8-20 所示。

图 8-20　几种不同标志、灯箱广告

（1）悬挂式。悬挂式是指悬挂于建筑出挑部分下部的广告或店牌。悬挂式形式新颖活泼，较能引起人们注意，但店牌、广告的尺寸受到一定限制。

（2）支架式。支架式是指在屋顶、入口出挑上部或店面外墙以支架支承店牌或广告。它在尺寸上不受限制，并常结合发光方式，使白天黑夜都能获得较强的效果，丰富了店面和城市景观。

（3）贴附式。贴附式是指将店牌或广告直接贴附在墙面或玻璃面上的方式。该方式较为经济、灵活，如果构图和色彩运用得当，同样可获得较好的效果。

无论哪种形式，都要考虑招牌的尺度、比例与建筑的关系，既要与建筑物相协调，又要色彩鲜艳、造型精美、选材精致、加工细腻，同时本身应具有耐久性。

8.3 建筑外部环境设计

建筑外部环境是指附属于建筑的室外小环境。它是联系每个建筑的过渡空间，同时为人们提供与自然交流和进行各种室外活动的场所和服务。它往往具有重要的景观特征。

8.3.1 建筑外部空间设计

1. 外部空间的类型

外部空间是由建筑物或其他物体围合形成的具有不同封闭程度的室外空间。外部空间的封闭程度不同，其特征也不相同。

（1）封闭式外部空间。封闭式外部空间在四周均有明确的界面，这些界面可能是建筑物，也可能是绿化、围墙、假山，或其他建筑小品。封闭式外部空间很容易使人感受到它的大小、形状和比例关系，与自然空间有着鲜明的对比。

（2）半封闭式外部空间。空间周围的一部分以建筑物或其他物体作为界面对空间加以限制，而另一部分则自然开敞，与自然空间相互穿插，这种空间形式称为半封闭式（或称半开敞式）空间。它具有封闭与开敞之间的特点，给人以变化、自由的感受。

（3）开敞式外部空间。这种空间的特点是由建筑物围合的空间转变为空间包围建筑，这时外部空间与自然空间融为一体，空间的封闭性完全消失。但由于建筑物的存在，不可避免地改变自然空间及自然环境，而形成一种开敞式的外部空间。

（4）遮蔽式外部空间。这种空间形式与以上几种形式有明显不同的特点，空间周围没有任何界面对空间加以限制，而只是对空间的上部界面加以限制，给人的感觉是一旦越出了界面所覆盖的范围，就是自然空间了，如蘑菇亭、太阳伞、葡萄架等都具有这样的特点。

（5）虚拟式外部空间。所谓“虚拟”，就是说除了空间限制底界面（即地面）外，没有任何界面对空间加以限制，人们只是从心理感觉上有空间的存在，即空间感。创造虚拟空间一般是将地面加以适当的处理（地面材料、质感、色彩、高差等加以变化），形成具有某种特性的对比，给人以范围感。

2. 外部空间的组合形式

外部空间的组合形式可根据建筑群的性质、功能要求以及地形特点等因素呈现出多种多样的形式，但归纳起来大致有以下几种：

（1）对称式空间组合。对称式空间组合根据布局形式可以分为两类：一类是以建筑群体中的主体建筑的中线为轴线，或以连续几栋建筑的中心线为轴线，两翼对称或基本对称布置次要建筑、道路、绿化、建筑小品等，形成对称式的群体空间组合；另一类是两侧均匀对称地布置建筑群，中央利用道路、绿化、喷泉、建筑小品等形成中轴线，从而形成较开阔的对称式空间组合。

对称式空间组合中的建筑物彼此间不存在严格的功能制约关系，其位置、形体、朝向等在不影响使用功能的前提下可根据群体空间的组合要求进行布置。不仅建筑对称，同时道路、绿化、旗杆、灯柱以及建筑小品等也对称或基本对称，可以起到强化建筑外部空间对称性的作用。其空间形式，可以是封闭式，也可以是开敞式或者其他形式，主要根据建筑群的性质、数量、规模以及基地情况进行布置。对称式空间组合容易形成庄严、肃穆、井然的气氛，同时也具有均衡、统一、协调的效果，对办公建筑、纪念性建筑群较为适合。

图 8-21 所示为北京天安门广场的空间组合，因为这里是我国首都的中心，既富有历史和政治意义，又要满足举行规模宏大的检阅和集会活动的要求。为体现这些特点，采用了对称式的组合方式，使广场空间表现出雄伟、壮丽、庄严和开阔的空间效果。

图 8-21　北京天安门广场的空间组合

（2）自由式空间组合。自由式空间组合是根据建筑群的性质及基地条件等因素，形成非对称式空间组合。自由式空间组合具有以下几方面的特点：

1）建筑群中各建筑物的格局，随各种条件的不同，可自由、灵活地进行布局。

2）根据建筑群的功能要求对建筑物进行布置，其位置、形状、朝向的选择较灵活、随意。还可用柱廊、花墙、敞廊等将各建筑物联系起来，形成丰富多变的建筑空间。

3）建筑群中各建筑物随地形的曲直、宽窄变化进行布置，建筑与环境融为一体，形成灵活多变的环境空间。

此外，自由式空间组合还具有适应性强的特点。因此，这种组合形式被各种建筑群体组合广泛采用，并获得良好的效果。

图 8-22 所示为某大学留学生活动区的总体布置，布局上为营造轻松、活泼、幽雅、宁静的气氛，以利于学习、休息和文化娱乐活动，采用了自由式空间组合方式。结合地形特点，将各建筑物围绕着湖面的四周分散布置，并与绿化、道路、铺地相结合，从而形成一个有机的、统一的整体。

图 8-23 所示为广东肇庆星岩饭店群体组合。该饭店位于七星岩风景区，地势起伏，环境优美，空间群体组合采取分散的自由式布局：三栋客房楼错开布置，并用廊子连成一个整体，客房既有开阔的视野，又有良好的朝向；中栋客房位于建筑群的中心位置，

将底层全部架空，从而形成整个建筑群的主要交通枢纽，同时与自然环境融为一体，为旅客提供了良好的户外活动场所，扇形空间的大餐厅，临湖面大露台的挑出，整个建筑群由弯曲的小路所包围，由茂盛的树木所衬托，由幽静的湖面所映照，形成一幅动人的画面。

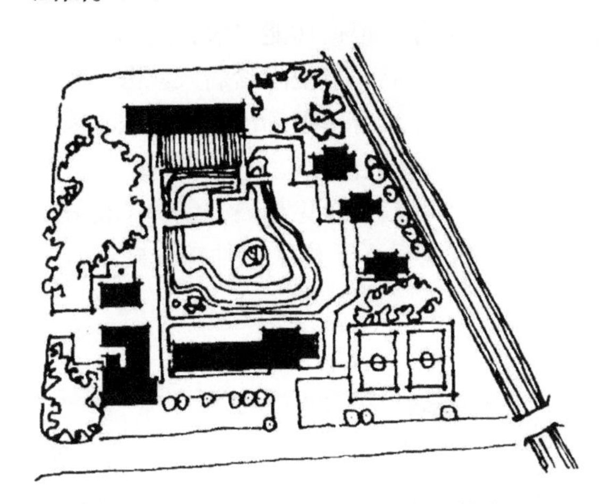

图 8-22 某大学留学生活动区的总体布置

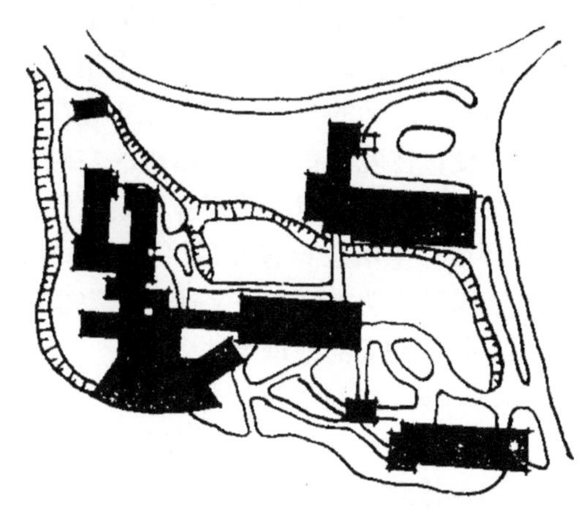

图 8-23 肇庆星岩饭店群体组合

（3）庭园式空间组合。庭园式空间组合是由数栋建筑围合而成的一座院落或层层院落的空间组合形式。这种组合形式既能适应地形起伏及弯曲湖水隔挡等的变化，又能满足各栋建筑功能所需，有一定隔离和联系的要求。这种组合形式常借助于廊道、踏步、空花墙等建筑小品形成多个庭院，丰富空间层次，使不同空间互相渗透、互相陪衬，形成具有一定特色的建筑群体空间。

建筑规模较大、平面关系要求既适当展开又联系紧凑的建筑群，为了解决建筑群的特殊要求与地形之间的矛盾，采取内外空间相融合的层层院落的布置方式，将可获得较为理想的效果。若干院落可以保证建筑群内部各部分之间的相对独立性，而院落的层层相连，又保证了建筑群内部的紧密联系。院落可大可小，可左可右，基地标高可高可低，从而可以充分利用地形的曲直变化、高低错落，使建筑群布置不仅能满足功能要求和工程技术经济要求，而且变化的空间艺术构图增强了建筑艺术的感染力。

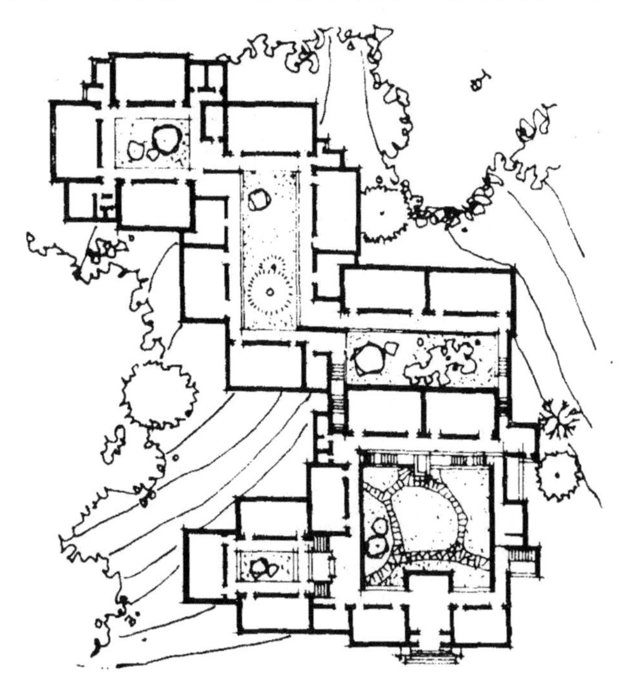

图 8-24 韶山毛主席旧居纪念馆

图 8-24 所示为韶山毛主席旧居纪念馆，建筑在距离毛主席旧居 600m 左右的引凤山下，建筑地段自东向西北倾斜，面向道路，背依群山，建筑物掩映于山林之间，与旧居周围自然朴实的环境

相协调，充分保持了韶山原有的风貌。空间组合采取内庭单廊形式。建筑结合地形，利用坡地组成高低错落形式与大小各不相同的内庭。

（4）综合式空间组合。对于建筑功能较复杂、地形变化不规则的建筑群总体布置，单纯采用一种组合形式往往不能解决问题，需要同时采用两种或两种以上的综合处理措施。如北京积水潭医院在群体布局上，基本分成四个部分：根据功能要求，门诊部布置在干道一侧的前区中心位置，并采用一主二辅的对称式布局，方便门诊病人就医；根据地形特点和水面的布局，教学区布置在门诊楼的右侧，并设有单独的出入口，教学实习也很方便；住院部布置在门诊楼的左侧，采用自由式空间组合方式，三栋平行布置，并用柱廊连成整体，病房楼安静、朝向好，楼与楼之间用庭园与绿化相隔，创造了良好的疗养环境；生活区布置在后区，有单独出入口，与前区互不干扰。这种综合式组合方式，既满足了功能要求，又达到了完整统一。

3. 外部空间的处理手法

（1）外部空间的对比与变化。通常利用空间的大与小、高与矮、开敞与封闭以及不同形体之间的差异进行对比，以打破外部空间平淡、呆板的单调感，从而取得一定的变化效果。正确运用对比与变化的手法，是使空间具有特色和满足人们精神功能要求的关键。在外部空间组合中，应根据建筑群的使用功能、规模大小以及基地情况等因素，适当运用空间构图规律，使空间既有对比变化，又有完整统一，起到为建筑群增色的作用。

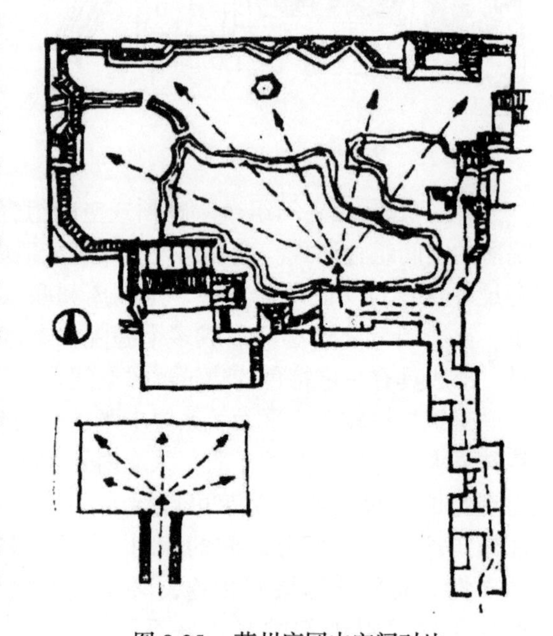

图 8-25　苏州庭园中空间对比

我国古典的苏州庭园具有小中见大的特点，如图 8-25 所示。这在很大程度上就是依靠空间对比手法的运用——即欲扬先抑的方法，先使人们经过曲折狭长的空间，然后再进入园内主要空间，从而利用空间的对比使人感到豁然开朗。

利用封闭的外部空间与辽阔的自然空间进行对比，也是我国古典建筑组合的一种传统手法。如图 8-26 所示，北京颐和园入口部分的建筑群的外部空间处理，其入口部分的仁寿殿建筑群所采用的是封闭形式的外部空间，空间被建筑物所包围，人们的视野受到了一定的限制，但只要穿过这个空间绕到仁寿殿的后侧，便可放

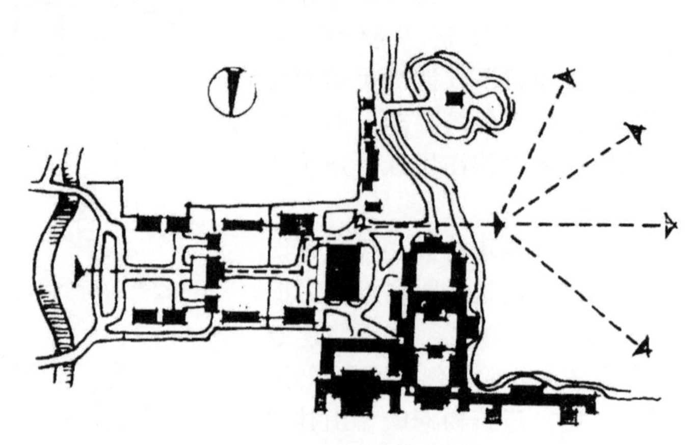

图 8-26　北京颐和园的空间对比

眼眺望辽阔无际的湖光山色，从而使人精神为之一振，与前面的封闭式空间形成了鲜明的对比。

（2）外部空间的分隔与联系。在建筑群外部空间的组合中，为了使各空间之间不至于完全隔绝，往往借助建筑物的空廊、门窗洞口以及自然的树木、山石、湖水等来划分空间，由于采用这些方法划分空间时，各空间之间既有一定的分隔又具有适当的连通，使各空间相互因借和渗透，起到丰富空间层次的作用。为达到此目的，归纳起来，常采用以下办法进行处理：

1）利用门洞或景窗使空间相互渗透。在外部空间的划分中，常采用隔墙等方法对空间进行分隔，为了使空间具有“隔而不断”的效果，往往在隔墙上设置适量的门洞或景窗，人们可以从一个空间观赏到另一个空间，从而起到加强空间相互渗透及增加层次感的作用。在我国传统的四合院民居建筑中，多半沿中轴线布置垂花门、敞厅、花厅等透空建筑，使人们进入前院便可通过垂花门看到层层内院，给人以深远的感觉，并通过院落之间的渗透，丰富了空间的层次，如图 8-27 所示。

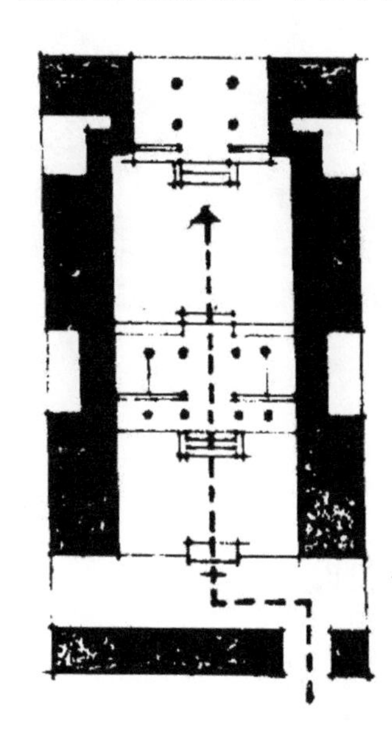

图 8-27　四合院民居的空间层次

2）利用敞廊使空间相互渗透。当采用敞廊划分外部空间时，人们可以从一个空间通过敞廊看到另一个空间，达到加强空间层次和相互渗透的目的。如北京中国国家博物馆前院西侧的门廊处理，人们通过高大的门廊看天安门广场、人民英雄纪念碑和人民大会堂，获得了很好的效果，如图 8-28 所示；再如苏州拙政园“小飞虹”空廊的处理，如图 8-29 所示，使两个空间内的景物相互因借、渗透，并各自成为对方的远景或背景，还加强了空间的变化，丰富了空间层次感。

3）利用建筑物底层架空或类似过街楼的处理使空间相互渗透。利用建筑物来划分空间层次，并使建筑物底层架空而具有一定的通透性，便可使人们的视线通过架空的底层从一个空间看到另一个空间，以达到各空间的相互渗透。如日本广岛和平会馆原子弹纪念陈列馆（图 8-30），底层架空的建筑物既划分了空间，又没有隔断空间，使广场空间更为宽阔深远。又如美国某大学综合医疗中心（图 8-31）过街楼的处理，过街楼增加了空间层次的变化，人们的视线通过过街楼的底部看到庭园空间，使人感到饶有趣味。

图 8-28 从中国国家博物馆看天安门广场

图 8-29 苏州拙政园“小飞虹”空廊

图 8-30 日本广岛和平会馆原子弹纪念陈列馆

图 8-31 美国某大学综合医疗中心

空间的渗透与层次，还可以通过绿化，列柱、牌坊、建筑布局等手段来实现。图 8-32 所示为华盛顿罗斯福总统纪念碑设计方案，以群碑的形式来代替传统的单碑形式，并且巧妙地利用各个碑的位置不同、转折不同、体量不同而形成一个层次变化极为丰富的外部空间。

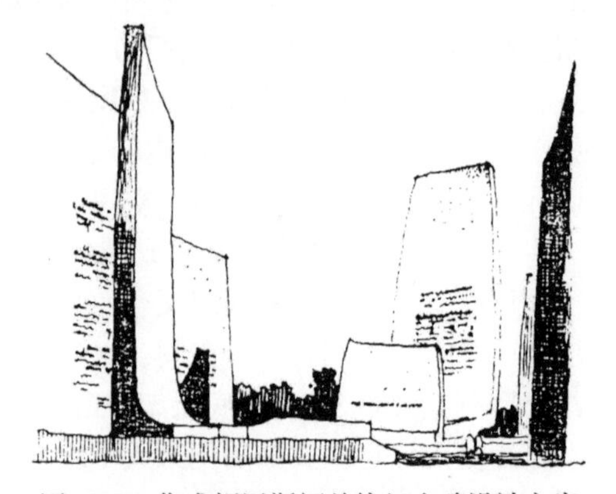

图 8-32 华盛顿罗斯福总统纪念碑设计方案

（3）外部空间的序列组织。建筑群的外部空间多数由两个或两个以上的空间组合而成，与内部空间的组织一样，具有空间先后顺序的问题，即依据一种“行为工艺过程”的客观条件，运用空间构图规律，合理组织各空间的先后顺序。外部空间的序列组织与人流活动规律密切相关，因此在外部空间的序列组织中，应该使人们视点运动所形成的动态空间与外部空间和谐完美，并使人们获得系统的、连续的、完整的序列空间，从而给人们留下深刻的印象，并充分发挥艺术的感染力。外部空间的序列组织是一个带有全局性的问题，它关系到群体组合的整个布局。合理运用空间的收束与开敞，突出序列的高潮是外部空间序列组织常用的手法。综合功能、地形、人流活动特点，外部空间序列组织可分为以下几种基本类型（图 8-33）。

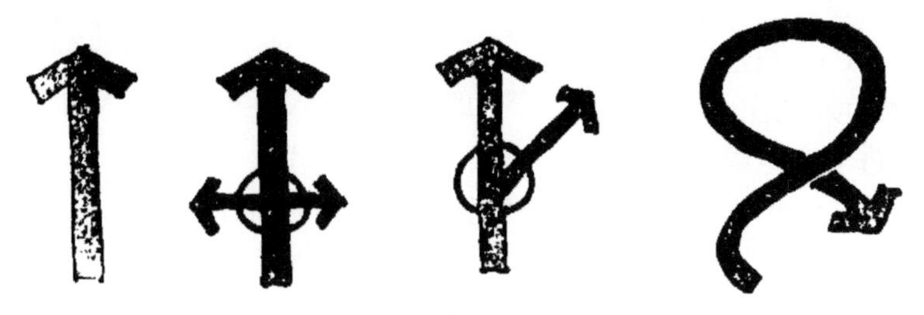

图 8-33　外部空间序列组织的几种展开形式

1）沿着一条轴线向纵深方向逐一展开。

2）沿纵向主轴线和横向副轴线做纵、横向展开。

3）沿纵向主轴线和斜向副轴线同时展开。

4）做迂回、循环形式的展开。

如图 8-34 所示，明清故宫就是第一种类型的典型实例，整个建筑群沿中轴线布置，形成向纵深展开的空间序列：从大清门（已拆除）开始进入由东西两侧千步廊围成的纵向狭长的空间，至左、右长安门处一转而为一个横向狭长的空间，由于方向的改变而形成一次强烈的对比。过金水桥进天安门（A）空间极度收束，过天安门门洞又复开敞，紧接着经过端门（B）至午门（C）又是由一间间朝房围成的又深远而又狭长的空间，直至午门门洞空间再度收束，过午门太和门（D）前院，空间豁然开朗，预示着高潮即将到来，过太和门至太和殿前院从而达到高潮，往后是由太和、中和、保和三殿组成的“外朝三殿”（E、F、G)，相继而来的是“内廷三殿（H、I、J)，与外朝三殿保持着大同小异的形式，犹如乐曲中的变奏，再往后的御花园（K)、神武门（L）是前朝辉煌的余音；至此，空间的气氛为之一变——由庄严变为小巧、宁静，预示着空间序列即将结束。

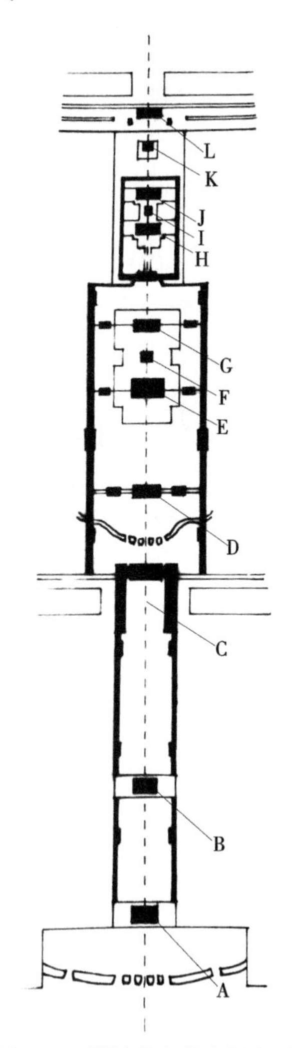

图 8-34　明清故宫的空间序列

在近现代建筑群体组合中，由于建筑功能日趋复杂，从而要求群体组合能有较大的自由灵活性，以适应复杂多样的功能联系。因而采用沿一条轴线向纵深发展的对称或基本对称的空间序列组织的方法愈来愈少了，但是如果在功能要求允许的条件下，仍然可以运用这种空间序列组织的方法来获得相应的效果。如日本武芷野艺术大学的群体组合（图8-35），该建筑群的规模不大，仅包括四幢建筑物，由于采用了前述空间序列的组织方法，从而获得了良好的效果。在入门处设置了一个牌楼式的大门（B），通过这个门即可看到远处的主楼，从大门开始即进入有组织的空间序列（C），一个由绿篱、踏步、灯柱所形成的纵向狭长的空间。这个空间起着序列的引导作用，通过它把人流引至主楼，这是空间序列的第一个阶段；进入主楼后人们由室外转入室内（D），空间极度收束，过主楼到达中央广场（E），空间突然开敞，人们迅即进到外部空间序列的高潮，并就此结束序列。

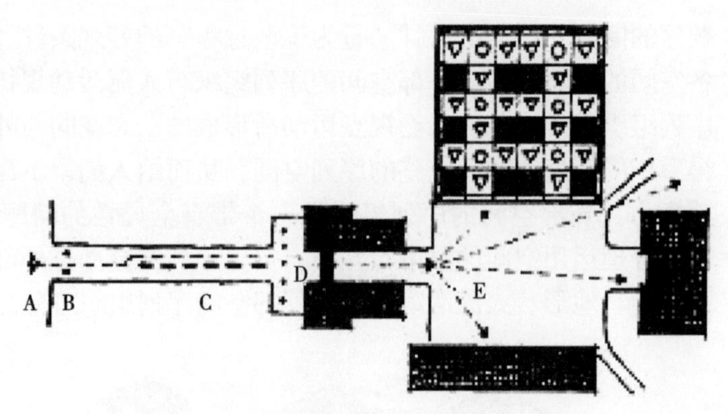

图 8-35　日本武芷野艺术大学群体组合

4. 建筑外部空间与周围环境的关系

建筑外部空间设计必须与周围的建筑、道路、建筑小品等有密切的联系和配合，同时还应考虑自然条件如地形、朝向等因素的影响。在总体布局中应从整体出发，综合地考虑组织空间的各种因素，并使这些因素能够协调一致、有机结合。在考虑公共建筑室外空间的布局时，概括起来有利用环境与创造环境两方面的作用。

（1）利用环境。公共建筑室外空间组合对环境的利用，应运用辩证的观点考虑问题，正如《园冶》所说："俗则摒之，嘉则收之"，只有达到摒俗收嘉，才能使室外空间布局收到得体合宜的效果。如广州白云宾馆（图8-36），在室外空间组合中，就利用了如下几个环境特点：南面临环市东路，距广交会展览馆仅四公里，交通联系方便，附近的建筑和绿化设施比较整齐，基地的东面和南面比较空旷，可结合该宾馆大楼的建造，逐步形成一个地区的中心广场。

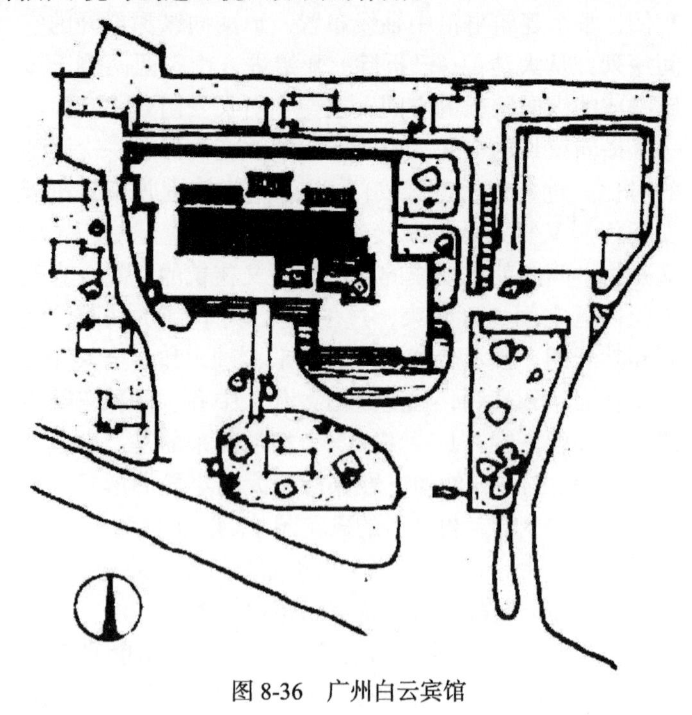
图 8-36　广州白云宾馆

（2）创造环境。进行公共建筑室外空间组合时，充分利用环境的特点，并经过人工的加工改造，使环境的意趣更能为表达总体布局的设计意图服务。固有的环境条件，往往存在着一定的局限性，或多或少地与具体的设计意图相矛盾。因此在室外空间组合中，对其不利因素加以改造，创造出与设计意图相适应的室外环境。如天津水上公园茶室（图 8-37），虽然后有林木曲径，前有广阔水面，但是在水面的尽处，只能远眺对岸稀疏的景色，缺乏中景的层次感。在这种情况下，如对原有环境的缺欠不加以改造，势必造成单调乏味的后果。因此，设计中利用临湖一侧的窄长半岛，并设花架于端部，从而增添了湖中景色的层次感，加之半圆茶厅伸入水中，使游客于室中能环顾水上驱波荡舟的生动景色，起到了开阔视野的作用。同时，茶室的室外空间也给广阔湖面增添了观赏点。

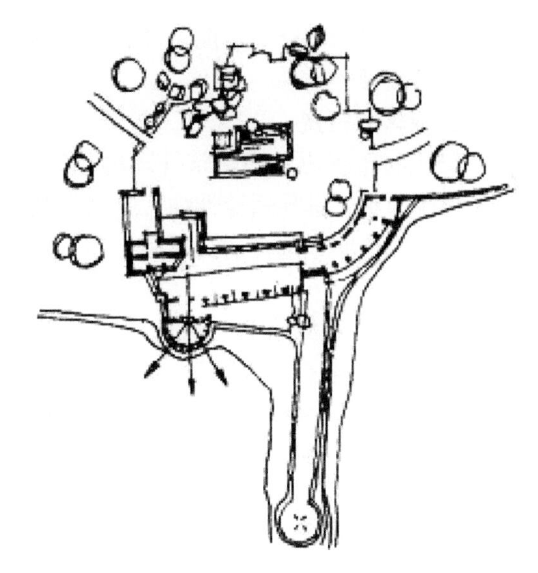

图 8-37　天津水上公园茶室

8.3.2　室外绿化

优美的绿化是良好的建筑外部空间环境不可分割的组成部分，它不仅可以改变城市面貌、美化生活，而且在改善气候等方面也具有极其重要的作用。

1. 绿化的功能

（1）心理功能。绿色象征青春、活力与希望；绿色环境使人联想到万物复苏、气象更新，它能调节人的神经系统，使紧张疲劳得到缓和消除，使激动恢复平静。以树木、花草等植物所组成的自然环境还包含着极其丰富的形象美、色彩美、芳香美和风韵美。因此，人们都希望在居住、工作、休息、娱乐等场所欣赏到植物与花卉的装饰，处处享受到植物的色彩与形态美，以满足其心理需求。

（2）生态功能。绿化植物给建筑空间创造出极其有益的生态环境。植物能制造新鲜氧气、净化空气，还可以调节温度、湿度。因此，在建筑群内部及周围布置一定数量的树木、草皮及花卉，能提供充足的氧气，吸收和隔离空气中的污染，在夏季降温增湿，隔热遮阳；冬季增温减湿、避风去寒。

（3）物理功能。

1）划分空间。绿化可作为“活的围墙”——篱笆，用来分隔空间。外部空间设计中，利用绿化遮蔽视线和划分空间是较为理想的手法之一。

2）隐丑蔽乱。城市重要地段或新建筑区内，有时不可避免地存在一些影响建筑群环境的建筑物、构筑物或其他不协调的场所等，若用绿化加以隔离或遮蔽，则可以获得化丑为美的效果。

3）遮阳隔热。常用紫藤、葡萄、地锦或其他藤萝植物攀缘墙面、阳台，不仅可以美化建筑物的外观和丰富建筑群体的空间形象，还能改善建筑物外墙的热工性能。

4）防御风袭。如在建筑群四周或窗前种栽阔叶树木，其下配植低矮树种和灌木丛，就能减轻对建筑物的风压，改善建筑物所受的水平气流作用。此外，常绿树林在冬天还能阻减风雪飞扬的现象。

5）隔声减噪。实验表明，声波经过植物时，借叶面吸收、叶间多次反射和空间绕射，声能转变为动能和热能，具有一定的减声效果，当植物长得高、密、厚时，就愈发显出隔声减噪的效果。

2. 绿化的布置

绿化的布置应考虑建筑外环境总体布局的要求，建筑的功能特点、地区气候、土壤条件等因素，选择适应性强，既美观又经济的树种；还应考虑季节变化、空间构图的因素，主次分明地选择适当的树种和布置方式，来弥补建筑群布局或环境条件的不良缺陷。

（1）小游园的绿化。绿化是小游园中不可缺少的一部分，小游园的绿化布置应与周围环境协调一致，真正成为受人们欢迎的室外活动空间。其形式主要有以下几种（图 8-38）。

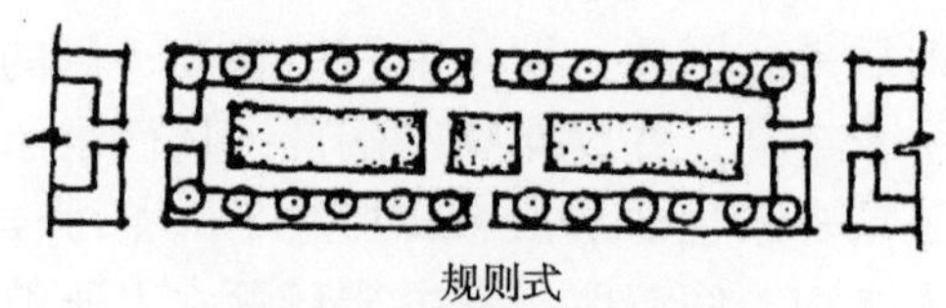

规则式

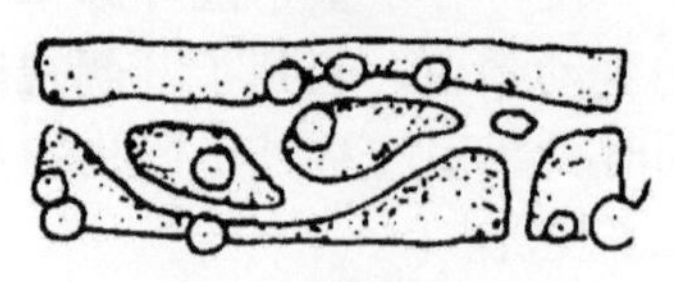

自由式

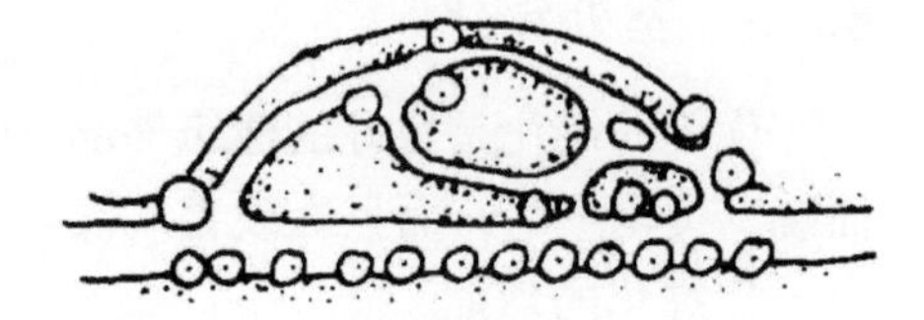

混合式

图 8-38　小游园的绿化布置形式

1）规则式。小游园中的道路、绿地均以规整的几何图形布置，树木、花卉也呈图案或成行、成排有规律地组合，这种形式为规则式布置。

2）自由式。小游园中的道路曲折迂回、绿地形状自如、树木花卉无规则组合的布置形式为自由式布置。

3）混合式。在同一小游园中既采用规则式又采用自由式的布置形式为混合式布置。

（2）庭园绿化。建筑群体组合中的小园、庭园、庭院等统称为庭园。庭园的绿化不仅可以起到分隔空间、减少噪声、减弱视线干扰等作用，还给建筑群增添了大自然的美感，给人们创造了一个安静、舒适的休息场地。庭园的绿化布置应综合考虑庭园的规模、性质和在建筑群中所处的地位等因素采取相应的手法。

1）小园。所谓“小园”，是指建筑群体组合中所形成的天井或面积较小的院落。小园的绿化布置既要考虑对环境的美化，又不影响建筑内部的采光通风。小园的位置可能在厅室的前后左右，也有可能在走廊的端点或转折处，构成室内外空间相互交融或形成吸引人们视线的“对景”。小园中的绿化布置应结合其他建筑小品（水池、假山、雕塑等），使小园布置小巧玲珑、简洁大方。图 8-39 所示采用扇形景窗的框景手法，不仅使咫尺空间扩大开来，同时通过框景将小园的组景映入眼帘，构成了一幅生动的画面。

图 8-39　小园框景

2）庭园。一般规模比小园大。在较大的庭园内也可以设置小园，形成园中有园，但应有主次之分，主庭园的绿化是全园组景的高潮，可以是由山石、院墙、绿化、水景等作为庭园的空间限定，组成开阔的室外景观。图 8-40 所示为广州铁路客站庭园，成组布置了灌木和花草，配置一池水景，添上曲折的小桥，给庭园增添了生气，不仅美化了空间环境，而且给旅客休息提供了幽静、宜人的场所，深受欢迎。

图 8-40 广州铁路客站庭园

3）庭院。庭院的规模比庭园大，范围较广，在院内可成组布置绿化，每组树种、树形、花种、草坪等各异，并可分别配置建筑小品，形成各有特色的景园。

8.3.3 水体

水体在室外景观设计中具有增加空间活力、改善空间感受、增强空间意境、美化空间造型的作用。

水体有动静之分。动水或奔腾而下，气势磅礴；或蜿蜒流淌，欢快柔情，具有较强的感染力。静水犹如明镜，清澈见底，具有宁静平和之感。水体与建筑及周围景物结合，可使环境频添生机，空间感扩大。若将水体与现代科学技术相结合，更可创造出多姿多彩的造型形式，如现代雕刻喷水池、音乐喷水池、彩色喷水池等。

常见的水景形式主要有以下几种。

1. 水池

水池是建筑水体中常用的形式之一，常与绿化和山石共同构成建筑景观。水池一般多置于庭院中央、一隅、路旁或室内外过渡空间处。水池能将周围景色在水中交相辉映，从而使不同内容和形式的建筑融为一体，如图 8-41 所示。

2. 瀑布

瀑布是一种垂直形态的水体，多用水幕形式，配以山石、植物共同构成组合景观，类似中国山水画中的意境，动感强烈，飞流直下，在潺潺的水声配合下，往往成为环境中的主题和趣味中心，如图 8-42 所示。

图 8-41　水池与山石、绿化的组景

图 8-42　瀑布

3. 涌泉

涌泉就是从地面、石洞或水中涌出的泉水。它可使静态的景观略增动感，起到丰富景观效果、调节动静关系的作用，被较多地用于广场、大堂的装饰设计中，如图 8-43 所示。

4. 喷泉

喷泉是环境设计中常用的一种水体形式，如图 8-44 所示。它的种类颇多，尤其是现代喷泉，在结合了声、光、电后，使喷泉显得更为新奇、更为美观，有些喷泉甚至具有演示功能，为众多高级装饰场所所选用。

图 8-43　涌泉

图 8-44　喷泉

5. 落泉

落泉不同于瀑布，它是将水引入高处，然后自上而下层层叠落下来。落泉常和石级、草木组合造景，有时也可与山石、石雕相配合，构成有声有色的美妙场景，常被用于广场、中心及宾馆大堂内。

6. 涧溪

涧溪的水体呈线状形态。涧溪多与山石、小品组合置景，溪水蜿蜒曲折，时隐时现，时宽时窄，变化多姿，常作为联系两景点的纽带，形式细腻而富有情感。

8.3.4 建筑小品

所谓建筑小品，是指功能简明，体量小巧，造型别致并带有意境、富于特色的建筑部件。它们的艺术处理、形式美的加工，以及同建筑群体环境的巧妙配置，都可构成一幅幅具有一定鉴赏价值的画面，形成隽永意匠的建筑小品，起到丰富空间、美化环境的作用。

1. 建筑小品的设计原则

建筑小品作为建筑群外部空间设计的一个组成部分，它的设计应以总体环境为依托，充分发挥建筑小品在外部空间中的作用，使整个外部空间丰富多彩。因此，建筑小品的设计应遵循以下原则：

（1）建筑小品的设置应满足公共使用的心理行为特点、便于管理、清洁和维护。

（2）建筑小品的造型要考虑外部空间环境的特点及总体设计意图，切忌生搬乱套。

（3）建筑小品的材料运用及构造处理，应考虑室外气候的影响，防止腐蚀、变形、褪色等现象的发生。

（4）对于批量采用的建筑小品，应考虑制作、安装的方便，并进行经济效益分析。

2. 建筑小品的种类

建筑小品的种类繁多，根据它们的功能特点，可以归纳为以下几大类：

（1）城市家具。建筑群外部空间小的城市家具主要是指公共桌、凳、座椅，它不仅可以供人们在散步、游戏之余坐下小憩，同时又是外部环境中的一景，起到丰富环境的作用。城市家具在外部空间中的布置受到场所环境的限定，同时又具有很大的随意性，但又不是随心所欲的设置，而是要求与环境谐调，与其他类型的建筑小品及绿化的布置有机结合，形成一定的景观气氛，增强环境的舒适感，如图 8-45 所示。

图 8-45 一组城市家具（桌、凳）

（2）种植容器。种植容器是盛放各种观赏植物的箱体，在外部环境设计中被广泛采用。种植容器的设置要讲究环境要求，活泼多样固然是它的特点，但不能杂乱无章、随心所欲。在设置时要进行视线的分析和比较，以求景观中最佳效果。如果运用得体，它不仅能给整个景观锦上添花，而且还能在空间分隔与限定方面取得特殊效果。

种植容器根据不同环境气氛的要求，在设置时是丰富多样的。由于具体环境的差别，种植容器不论在选材上，还是在体量上均有不同。在开放性的环境中，种植容器应采用抗损能力强的硬质材料，一般以砖砌或混凝土为主，有些较大的花池、树池底部可直接与自然松软地面相接触而不需加箱底，在封闭性的环境及室内花园或共享大厅内，种植容器则应采用小巧的陶瓷制品或防锈金属制品。图 8-46 所示为一组种植容器。

图 8-46　一组种植容器

（3）绿地灯具。绿地灯具也称庭院灯，它不同于街道广场的高照度路灯，一般用于庭院、绿地、花园、湖岸、宅门等位置，作为局部照明，并起到装饰作用。功能上求其舒适宜人，照度不宜过高，辐射面不宜过大，距离不宜过密。白昼看去是景观中的必要点缀，夜幕里又给以柔和之光，使建筑群显得宁静、典雅。图 8-47 所示为一组绿地灯具。

图 8-47　一组绿地灯具

（4）污物贮筒。污物贮筒包括垃圾箱、果皮筒等，是外部空间环境中不可缺少的卫生设施。污物贮筒的设置，要同人们的日常生活、娱乐、消费等因素相联系，要根据清除的次数和场所的规模以及人口密度而定；污物贮筒的造型应力求简洁，并考虑方便清扫。图 8-48 所示为一组污物贮筒。

图 8-48　一组污物贮筒

（5）环境标志。环境标志也是建筑群外部景观设计不可缺少的要素，是建筑群中信息传递的重要手段。环境标志因功能不同而种类繁多，而常见的则以导向、告示及某种事物的简介居多。在设计上要考虑它们的特殊性，要求图案简洁概括抽象、色彩鲜明醒目、文字简明扼要清晰等。图 8-49 所示为一组环境标志。

图 8-49　一组环境标志

（6）围栏护柱。作为围栏，不论高矮，在功能上大多是防止或阻止游人闯入某个特殊区域。一般多用于花坛的围护或空间区域的划分，色彩的处理应以淡雅为宜，既不要灰暗呆板，又不要艳丽俗气，白色是较理想的颜色，不仅易与各种颜色取得和谐，而且在整个绿丛的衬托下，会使围栏显得素雅大方，如图 8-50 所示。

图 8-50　围栏护柱、小桥汀步

护柱是用来分隔、限定各功能区，以有序组织、引导人流和车流的。护柱的设置应考虑具有一定的灵活性，易于迁移。若造型简洁，设置合理，同样会给建筑群外部环境带来别样的感觉。

（7）小桥汀步。小桥汀步是有水面的外部空间处理中常用的一类建筑小品。桥可联系水面各风景点，并可点缀水上风光，增加空间的层次。汀步同样具有联系水面各景点的功能，所不同的是汀步别具特色，犹如漂浮水面的“浮桥”，使水面更具趣味性，如图 8-50 所示。

（8）亭、廊、架。亭、廊、架不仅能满足休息、游览、通行的需要，还具有分割、联系空间的功能。亭、廊、架的形式丰富多彩，亭、廊不仅可以采用传统建筑形式，更有各种新颖独特的现代形式。架不仅装饰趣味强，还可供植物攀缘或悬挂，形成花架，如图 8-51 所示。

图 8-51　亭子、花架

建筑小品除以上类型外，还有景门、景窗、铺地、雕塑等。在建筑外部环境设计中，只要根据环境功能和空间组合的需求，合理选择和布置建筑小品，都会使建筑群体空间获得良好的景观效果。

3. 建筑小品在外部空间中的运用

（1）利用建筑小品强调主体建筑物。建筑小品虽然体量小巧，但在建筑群的外部空间组合中却占有很重要的地位。在建筑群体布局中，结合建筑物的性质、特点及外部空间的构思意图，常借助各种建筑小品来突出表现外部空间构图中的某些重点内容，起到强调主体建筑物的作用。

（2）利用建筑小品满足环境功能要求。建筑小品在建筑群外部空间组合中，虽然不是主体，但通常它们都具有一定的功能意义和装饰作用。例如，庭院中的一组仿木坐凳，它不仅可供人们在散步、游戏之余坐下小憩，同时，它还是外部环境中的一景，丰富了环境空间；又如小园中的一组花架，在密布的攀缘植物覆盖下，提供了一个幽雅清爽的环境，并给环境增添了生气。

（3）利用建筑小品分隔与联系空间。建筑群外部空间组合中，常利用建筑小品来分隔与联系空间，从而增强空间层次感。在外部空间处理时用上一片墙或敞廊就可以将空间分成两个部分或是几个不同的空间，在这墙上或侧面开出景窗或景门，不仅可以使各空间的景色互相渗透，同时还可增强空间的层次感，达到空间与空间之间具有既分隔又联系的效果。

（4）利用建筑小品作为观赏对象。建筑小品在建筑群外部空间组合中，除具有划分空间和强调主体建筑等功能外，有些建筑小品自身就是独立的观赏对象，具有十分引人的鉴赏价值。对它们的恰当运用，精心的艺术加工，使其具有较大的观赏价值，并可大大提高建筑群外部空间的艺术表现力。

8.4 建筑外部照明设计

建筑外部及其外部空间的景观照明设计是城市景观的一部分，是对现有的建筑及其外部空间的二次艺术创造，是良好的城市空间艺术氛围的重要组成部分。建筑外部照明元素包括城市建筑物、构筑物、城市小品、设施、草坪、树木及水体照明。景观照明的质量并不与光照强度成正比，关键是与环境的协调。通过对光源精细地布置并调整其距离和投射角，就能实现各种各样的光照效果。

8.4.1 建筑照明

建筑照明是在原有建筑的基础上通过灯光的照度变化、色彩变化来展示建筑物的外观特点，因此建筑照明设计时必须对建筑物的使用功能、建筑风格、结构特点、表面装饰材料、建筑物周围的环境等情况进行综合考虑。

1. 建筑照明设计的原则

（1）整体性。建筑照明不能仅单纯考虑该建筑本身，还要考虑周围其他景物（建筑、小品、植物等元素）的情况，整体感好，才能创造协调气氛。一条街上相邻的建筑物之间没有呼应就会使人感到杂乱。

（2）层次感。层次感是指照明空间中主景与配景之间的关系，层次感的产生可以通过虚实、明暗、轻重、大面积的给光和勾画轮廓等多种手法体现。要考虑建筑本身的造型、结构进行具体分析，不能将建筑物投光后变成一个大平面，死死板板一片亮光，失去美而真的效果。同时要考虑建筑物和空间的关系，不能使主景孤独地处在黑暗中，像在黑底色中间涂了一片绿色、黄色或其他颜色的画板。

（3）重点突出。每幢建筑物都有独特的设计风格和意图，建筑师往往是通过建筑物的几个关键部位来体现的。建筑物景观照明也应突出重点，在保证建筑物整体效果的同时，尽可能清晰地展示建筑物关键部位的结构和装饰细部特征。

（4）慎用彩光。彩光一般都具有强烈的感情特征，它可以极度地强化某种情绪。因此，彩光的使用不仅要依据建筑物的建筑功能、使用要求和表面材料等特性，还要考虑建筑风格、历史背景及环境等因素。一般情况下，对于纪念性建筑、政府机关、地域代表性建筑等风格明显的大型建筑，主要使用白色的金属卤化物灯，必要时可在局部使用少量的彩光，以突出建筑物的整体形象；商业及娱乐性建筑，可适当采用彩光。

（5）隐蔽性。建筑物夜景照明的设施一般布置在建筑物附近较为隐蔽的位置，位置不当会给行人及周围环境带来不利影响。

（6）节约能源。夜景照明需要消耗数量可观的电能。为了节约电力，除了采用高效的灯具外，最好在设计中预设分级控制，使得在平日或深夜仅开一部分或少量的灯也能表现建筑物和城市特色。

2. 建筑照明的方式

目前普遍使用的建筑照明方式有泛光照明、轮廓照明和内透光照明。其中，泛光照明和轮廓照明也适用于城市景观其他元素的照明。

（1）泛光照明。泛光照明是一种使用广泛的城市夜景照明方式，是使用投光器照射建筑物的立面，使其亮度大于周围环境亮度的照明方式。城市中的许多大型公共建筑、古建筑、纪念碑及雕塑等，在夜晚依赖于泛光照明，呈现出绚丽的城市夜景。

通过泛光照明可以显示出建筑物的立面，特别是它的细部。一般来说，泛光照明应达到以下几个方面的效果：

1）通过照射在建筑物立面上的灯光的明暗变化产生立体感。

2）通过照射在建筑物立面上的灯光位置不同产生层次效果。

3）突出照射建筑物的主要细部，使人们看清细部材料的颜色、质感和纹理。

4）突出建筑物本身，周围环境的亮度要小，使建筑物与周围环境取得明暗对比的效果。

采用泛光照明时，应注意建筑物完整性的表现，必须将轮廓呈现出来，强调出边和角，并提示出拐角两侧的侧面，使两侧面在亮度上有一定的差异，产生透视感和立体感。应充分利用建筑表面装饰和结构线条等创造出适宜的阴影效果，以丰富的光观影变化增加建筑的魅力和趣味性，避免建筑立面单调平淡或阴影过大。如果建筑物表面设置大面积的玻璃窗，应注意反射眩光的影响。

（2）轮廓照明。轮廓照明是以黑暗的夜空为背景，利用建筑周边布置的霓虹灯等线光源来勾画建筑物轮廓的一种照明方式。

我国古建筑由于具有变化丰富的轮廓线，采用这种照明方式可以在夜空中勾画出美丽、动人的图形，能够获得很好的艺术效果，如图8-52所示。但是如果轮廓照明用在轮廓变化很少的建筑物上，看上去会给城市夜景加上一些明亮的方框，令人索然无趣，而且会冲淡甚至破坏城市夜景的整体气氛。

图8-52　轮廓照明

（3）内透光照明。内透光照明是利用室内靠近窗口的照明灯具放射出光线，透过窗口在夜晚形成排列整齐的亮点的一种照明方式。有大片玻璃或玻璃幕墙的现代建筑采用这种内透光照明方式比室外泛光照明效果更生动，同时也较经济，并便于维修。有窗线的玻璃幕墙也可由外部照亮，以强调线性美。

3. 建筑照明的灯具类型

照明灯具是提供光源的必备条件，在进行建筑外部照明设计时，可利用灯具组合不同的照明效果，特别在橱窗、入口、招牌等重点部位，以达到特有的气氛，在夜间更加醒目。

（1）灯箱。灯箱是利用荧光灯或白炽灯光，在箱体内向外照明，灯箱面常用玻璃等透明材料，上面贴放大的广告照片或大型彩色贴布、美术字等。灯箱的安装必须坚固，可在商店建筑上制作固定灯箱的角钢或其他支架，由于灯箱大多用于店面外部，因此必须采取防水、防潮措施，以免雨水渗漏，造成漏电事故发生。

灯箱具有强烈的光线色彩效果，是店面设计中很受欢迎的装饰手段，如图8-53所示；此外，灯箱还具有制作简单方便、价格低廉、效果好、更换容易等特点。

图8-53 灯箱

（2）霓虹灯。霓虹灯光线极其鲜艳，形状为线状，可用于强调店面造型轮廓，也可排列构成图形、标志和文字，如图8-54所示；并可根据需要，灵活交替变换发光，极受商店欢迎，是广泛采用的广告手段之一，具有设置灵活等优点。

（3）投光灯。投光灯具有极强的投光方向，投射光线的方向又可任意确定。主要用于集中照射某些部位，如图8-55所示，甚至可以照射整个高层建筑的巨大立面。为使观赏者感觉舒适，其投射方向和观赏者的视线大致相同为佳，多用于格调极强的店面。

图8-54 霓虹灯

图8-55 投光灯

除了上述几种外，还有许多灯具用于店面照明设计中。如散点灯：利用其连续排列的特点，形成闪烁斑斓的效果；吸顶灯：多用于雨篷、入口和其他凸出的部位下，光线散射，柔和，既可单独设置，又可成组布置；灯带：可组成线光源和面光源，形成大面积发光效果。

8.4.2 景观照明

1. 植物照明

植物是唯一有生命的景观，它的颜色和外观随着季节的变化而变化，夜景照明效果要适应植物的这种变化，使光源突出树叶原来的颜色。如要强调绿叶，水银灯会提供油绿的色泽；若要表现不同色泽的混合树木，利用复合金属灯及石英灯会把不同颜色层次区分出来。

常用的植物照明方式有以下几各种，可获得不同的夜间效果。

（1）特定方向照明：可以只让人们看到某一方向的树形。

（2）全方位上照：将两个以上的灯具置于树下，照亮整个树体。其立体感强，是强调植物环境的方式。

（3）下照式：将灯具固定在树枝上，透过树叶往下照，地面上会出现枝叶交错的阴影，仿佛月下树影，达到月光效果。这种效果适合枝叶茂盛的长绿树种，在步行街、居住区、公园等较雅静的场所使用，如图 8-56 所示。

（4）剪影效果：将植物后面的墙面照亮，枝叶成为黑色的影子。

（5）点式：将霓虹灯或灯笼挂在树上，如星星般的闪烁，是较古典的做法，最适于商业街或街道的节日环境，如图 8-57 所示。

图 8-56 下照式植物照明

图 8-57 点式植物照明

除了专门有植物照明以外，周围路灯或建筑都会有不同程度的光渲染到植物上。对于花坛及低矮植物，由于人们观看的视线自上而下，所以它们一般采用蘑菇灯具向下照射，灯具置于花坛中央或侧边，高度视花草而定。

2. 雕塑与小品照明

雕塑、小品的摆放地点灵活，经常处于人行地域，因此雕塑与小品照明要考虑到对行人的视觉影响，具体根据其所处的环境位置而定。

（1）立于地面上，孤立于草地或空地上的雕塑、艺术品。应以保持环境不受影响和减少眩光为原则，灯具与地面齐平或在植物、围墙后。

（2）带有基座，孤立于草地或空地中央的雕塑、艺术品。由于基座的边沿不能在底部产生阴影，所以灯具应放在远一些的地方。

（3）带有基座位于行人可接近的雕塑、艺术品。灯具一般固定在照明杆或装在附近建筑的立面上，而不应围着基座安装。

（4）如果需要表现雕塑、小品某一细节或使其产生特定的效果，应在设计过程中做出详细的说明。

3. 景观照明的灯具类型

景观照明的灯具可分为基本照明灯具和重点照明灯具。

（1）基本照明灯具。基本照明灯具首先要满足使用者的安全要求，功能性要大于装饰性，并且具有空间的连续性与引导性。根据使用功能的差异，分为路灯、庭院灯、扶手灯、草坪灯、地灯等。

路灯的主要功能是满足城市街道的需要，但为反映城市的特色还应考虑灯具的造型，故路灯分为功能性路灯和装饰性路灯。功能性路灯需要具有良好的配光，发出的光要均匀地投射在道路上；装饰性路灯对配光并不强调，它更讲究造型与风格，主要安装在城市重要街道、建筑物前。

庭院灯用在庭院、公园、街头绿地、居住区或大型建筑物前，灯具功率不应太大，以创造幽静舒适的空间气氛，但造型上力求美观新颖，给人们以心情舒畅之感。庭院灯造型风格应与周围建筑物、构筑物及空间性质相协调，要突破现有的并被大量工业化复制使用的造型风格。

草坪灯用在草坪边缘，为了烘托草坪的宽广，草坪灯一般都比较矮，最高不超过1m。灯具造型多样，有的还会放音乐，使人们在草坪上休息散步时更加心旷神怡。草坪灯色彩不宜过多，并且要与草坪的绿色相协调。

地灯比草坪灯更矮，有的安置在地平面中，主要起引导视线和提醒注意的作用，应用在步行街、人行道、大型建筑物入口和地面有高差变化之处。

（2）重点照明灯具。重点照明灯具属于艺术照明，一种是在街口、广场等处使用，如探照灯、聚光灯等高亮度照明，目的是用来勾画空间轮廓，使其在夜间仍然不失其意境，如果再加上色光配置，可以使空间更加生动；另一种是用于小范围内的特色照明，如激光灯、水池灯及各种彩灯等，它配合各种小品、树木、雕塑、水体等，能够创造出某种特定气氛。

实训练习5　某专卖店店面装饰设计

实训目的： 通过实训练习，进一步了解建筑外部装饰设计的基本内容，深入理解建筑外部装饰设计的基本原则和方法，能灵活运用所学知识，进行一般建筑的外观装饰设计和建筑外部环境设计。

实训题目： 某专卖店店面装饰设计

实训内容：

（1）参观各类专卖店，重点调研专卖店的店面设计特点，学习借鉴店面造型、入口、橱窗的设计处理手法。

（2）由教师提供专卖店平面图和环境条件，专卖店的经营内容、经营特色、服务对象等由教师指定，或根据实际工程的设计要求进行店面装饰设计。

实训要求：

（1）要求店面造型新颖、独特，引人注目，并能够反映店面的经营内容和特色。

（2）注意店面外部环境的营造以及与周围环境的协调，以形成优美、舒适的购物环境和热烈的购物氛围。

（3）注意专营店的入口和橱窗设计，以吸引消费者，激发消费者的购物欲望，并引导消费者进入店内。

（4）要求绘制出店面装饰设计方案图，图样包括：

1）店面入口及橱窗平面图（1∶50）。

2）店面立面图（1∶50）。

3）构造详图（1∶20~1∶30）。

4）店面效果图（至少一幅，表现手法自定）。

5）设计说明。

附　录 | APPENDIX

附录 A　轩辕阁设计说明

——轩辕阁室内装饰工程由郑州创意装饰设计有限公司设计并施工

轩辕阁建筑处于园博园的主轴线上，位于主展馆一侧的湖区处，立于建造时挖湖堆土形成的高约 20m 的土丘之上，是整个园区的最高点。轩辕阁建筑高度为 36m，地下一层，地上四层，外观为仿宋式建筑，中原文化特征明显，是展示中州地域文化的重点建筑，游览观赏性极佳。

轩辕阁一层展厅空间色调简洁明快、朴实无华，给人庄重、大方的印象。整体空间采用中轴线对称式布局，气魄雄浑，辉煌大气，整齐而不呆板。展厅中心以黄帝圆雕造像为主，墙面以黄帝历史文化主题浮雕《人文始祖 · 轩辕黄帝》为辅。斗拱造型顶面气魄宏伟，严整又开朗。北斗星空彩绘取自黄帝仿制帝车“斗为帝车，运于中央，临治思乡”之说。地面采用天然石材与顶面造型遥相呼应。

墙面雕塑艺术分别以《具茨之山、肇造华夏》《轩辕息争、民族融合》《文明之源、人文始祖》三个空间区域和内容构成，运用具象装饰和具象写实的雕塑艺术风格，浅浮雕、高浮雕、悬塑、圆雕相结合，以先抑后扬的空间视觉方式，雄浑大气的艺术表现手法，充分表现人文始祖、轩辕黄帝作为华夏祖先的辉煌创造，营造洪钟绕耳、余音涤荡的世间绝唱。

二层、三层为临时展览展示空间，配合专业照明灯光，地面材料采用花岗石铺装，吊顶框架结构为水曲柳软抛浮雕板饰面擦色工艺，小藻井图案采用平板 UV 写真工艺，局部贴 24K 金箔工艺。

四层为观光空间，依北墙设置《郑州赋》大型书法雕刻工艺，饰面采用 24K 金箔皴贴，字体采用熟褐勾勒，名阁配名赋是中国文化的经典样式，拓展了建筑空间的人文深度，文化赋予建筑强大的生命力。顶部为叠级藻井，藻井为张拉膜写真图形，吊顶框架结构为水曲柳软抛浮雕板饰面擦色工艺，小藻井图案采用平板 UV 写真工艺，局部贴 24K 金箔工艺，层次丰富，结构饱满，恢弘大气。

轩辕阁是小空间多层仿古（宋代）建筑，整体设计力求在材料体系简洁，在结构体系富于变化，追求古代文化意境，满足使用功能和消防功能，所有材料达到 B0 级以上消防要求和 E0 级环保要求。扫描右侧二维码可下载本项目案例设计图纸、效果图、实景图。

轩辕阁

附录B 第十一届中国郑州国际园林博览会 中国园林—河南篇展厅设计说明

——郑州创意装饰设计有限公司设计并施工

一、设计理念

园林是中华文明富于创造力和活力的载体，它超越了时空地域的限制，自成体系绵延至今，与中国人的生活交融相谐。

河南是中国古代园林的发祥地，河南园林历史是中国古代园林发展的缩影。本陈列从中原作为园林历史发祥地的文化原点出发，纵向以历史脉络为主线，横向以历代出土的文献、实物（原件、复仿制品、拓片、摹本）为支撑点，并以园林审美的相关品类诗、书、画、乐等艺术为穿插融贯，以历代与园林发展密切相关的人、事为闪光点联结，再现中国古代园林历史在多元文化耦合中成长的历史品格。

本陈列注重历史性、艺术性、科普性、趣味性的统一。沿主题展示和背景辅助延伸层次两个线索并列进行。

主题层次展示以实物资料为主，直接涉及的内容文化定位在高中水平，尽量以通俗易懂的语言与简捷的展示手段告诉观众展品的主要历史与文化信息。使观众通过主题层次的展示对文字的发展规律与重要成果有一个清晰的认识。

附线延伸层次以不同的展示介质，如多媒体、艺术创作品、趣味字语环境营造、深层资料库等不同方式间接解读主体展线内容。

在展示手段上，将传统文献、文物考古成果、园林审美境界虚实营造、公众参与和信息活化融为一体，特别注重场景营造、人文情感传播以及知识信息含量扩展，以求从多个角度、多种形式表现河南园林历史蝉联绵延、文化多元汇聚的特征。

二、设计原则

1. 展品和空间环境相和谐的原则：通过和展厅内部的版面、视频、机构等各种展陈手段相互呼应而创造出一种气氛和意境，全方位地诉说河南园林发展的历史文化背景。

2. 装饰造型简洁，突出文物展品内容的原则：采用简洁的造型装饰手法，突出建筑特点，通过关键节点的精心设计来营造展馆的氛围。

3. 服务体系结合延伸内容展示的原则：在展厅重点展示区域、开阔区域、多媒体影视区域设置休息椅及多媒体查询系统，使观众在休息的同时也能更加深入地了解延伸内容。

三、整体布局

展厅面积为 1300m^2，根据展馆的建筑结构以及对陈列大纲和建筑交通流线的分析，以顺时针展线依次展示序厅、第一部分（萌生篇——夏、商、周时期）、第二部分（成长篇——两汉时期）、第三部分（转折篇——魏晋南北朝时期）、第四部分（鼎盛篇——隋、唐时期）、第五部分（成熟篇——宋、元、明、清时期）、尾厅（多媒体数位展厅——园林心象）等各板块内容。展线长度为 245m，路线设计为单向有顺序性的水平交通路线，具备一定的灵活性和可选择性，避免人流交叉及重复路线，局部有地面抬升平台，丰富观展视角。

序厅是整个陈列的点睛处，写意性描述河南山水汇聚的天下之中地理位置，并通过原始社会时间图轴的创立，借助聚落史前考古的新成果，以全新的视野解读人类居址中所孕育的园林文化基因。空间设计开合大气、结构缜密。通过艺术装置烘托标题文字，顶部利用木质元素构建结构，为观众营造出一个底蕴深厚的文化气质氛围。

在整体空间的调度上，充分利用建筑的坡面结构，以内容随着建筑空间的启示，由萌生、成长、转折、鼎盛、成熟等发展进度，配合建筑由低到高的走势。在建筑空间的最高处刚好吻合鼎盛及成熟时期的内容，使之在空间及内容展示的同时达到最高境界。

在材料运用上，区别以往博物馆的做法，大胆采用大理石材质地面并配合高截面的空间造型，使之在空间语言上得到升华。图版大量采用工厂一体加工的硬板写真图版，大大提升了展示效果并加快了施工进度。在空间的顶部结构区域，通过设置大量的投影、绘画、浮雕、高清屏幕等手法，立体展示桃花源记、西园雅集图等展示内容。在展线的适当位置采用3D影像、电子沙盘、VR等技术展示：二里头宫城，单体四合院型宫室建筑，甲骨文中的园林、动物和植物，隋唐东都洛阳城，场景白居易履道池台中的“耆老会”，北宋东京城，御马上池，司马光独乐园景观，百泉景观等一系列内容，达到全方位多角度多元化的展示，形成展示、解析、互动为一体的展示形式，使观众感受历史中的河南园林魅力，引导观众的思绪走向更深层次的文化认同感，同时提升整个展馆所独有的品牌文化魅力。

扫描右侧二维码可下载本项目案例设计图纸、效果图、实景图。

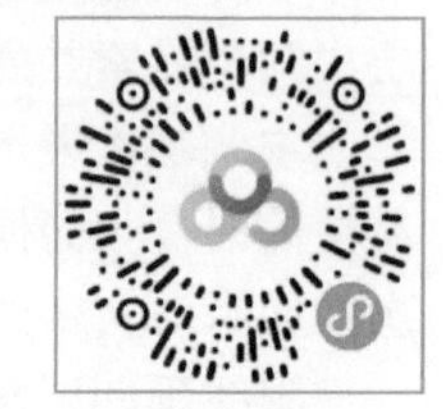

园林式展厅

附录C　洛阳惠普产业园3号楼装饰工程设计说明

——泰源工程集团股份有限公司设计并施工

洛阳惠普产业园项目属于惠普（洛阳）国际软件人才及产业基地项目的一部分。产业园区位于伊滨核心区，规划占地面积为78188.80m^2，建筑面积为92233.50 m^2，容积率为1.13，绿地率为39.95%，是洛阳乃至中原地区未来科技产业区的标杆之作。

惠普（洛阳）产业园3号楼的设计风格简洁大方，功能分区明确，分为众智教育产业展示区、数据研发区、商务智能区、3D打印协同区、大数据机房。玻璃的通透性充分利用了自然采光，节约能源。大胆运用穿孔铝板与铝方通搭配，创造视觉冲击，部分采用膜天花材质，使空间得到视觉上的延伸。现代的空间手法和材料工艺充分诠释了“与自然对话，让心灵旅行”，坚持以人为本的设计理念，突出现代、活泼、简洁明快的建筑风格。这里没有宫廷的华丽与奢彩，呈现的是东方美学的简约之风，些许田园，些许清庭，些许文苑……摒弃都市的喧闹。未来置身其中的每一位园区人都必将为她的和谐美而激发工作、学习灵感，从而为当地创业创新及经济发展创造条件。

扫描右侧二维码可下载本项目案例设计图纸、效果图。

洛阳惠普产业园案例

本书提供装饰工程案例——湖北省博物馆四层展厅装饰设计（部分），以期能理论联系实际，通过实训加强学生对原理、规律、方法的理解，使学生在实际工程设计中能抓住建筑装饰工程中的关键问题和要解决的主要矛盾，并能综合运用有关学科基本知识，解决建筑装饰工程中的实际问题，做到学以致用，从而使学生具有完整的知识结构和实际操作能力（扫描右侧二维码下载学习）。

装饰工程实例

参考文献 | REFERENCE

[1] 来增祥，陆震纬 . 室内设计原理 [M] . 北京：中国建筑工业出版社，1996.

[2] 张绮曼，郑曙旸 . 室内设计资料集 [M] . 北京：中国建筑工业出版社，1991.

[3] 张绮曼 . 室内设计的风格样式与流派 [M] . 北京：中国建筑工业出版社，2000.

[4] 彭一刚 . 建筑空间组合论 [M] . 北京：中国建筑工业出版社，1983.

[5] 杨耀 . 明式家具研究 [M] . 北京：中国建筑工业出版社，1986.

[6] 张月 . 室内人体工程学 [M] . 2 版 . 北京：中国建筑工业出版社，2005.

[7] 李朝阳 . 室内空间设计 [M] . 北京：中国建筑工业出版社，1999.

[8] 中国建筑学会室内设计分会 . 全国室内建筑师资格考试培训教材 [M] . 北京：中国建筑工业出版社，2003.

[9] 潘谷西 . 中国建筑史 [M] . 4 版 . 北京：中国建筑工业出版社，2001.

[10] 庄荣，吴叶红 . 家具与陈设 [M] . 北京：中国建筑工业出版社，1996.

[11] 吴林春 . 家具与陈设 [M] . 北京：中国建筑工业出版社，2000.

[12] 吴龙声 . 建筑装饰设计 [M] . 北京：中国建筑工业出版社，2000.

[13] 张新荣 . 建筑装饰简史 [M] . 北京：中国建筑工业出版社，2000.

[14] 霍维国，霍光 . 室内设计原理 [M] . 海口：海南出版社，1996.

[15] 储椒生，陈樟德 . 园林造景图说 [M] . 上海：上海科学技术出版社，1988.

[16] 刘玉楼 . 室内绿化设计 [M] . 北京：中国建筑工业出版社，1999.

[17] 戴志棠，林方喜，王金勋 . 室内观叶植物 [M] . 北京：中国林业出版社，1994.

[18] 陈俊愉，刘师汉 . 园林花卉 [M] . 增订本 . 上海：上海科学技术出版社，1994.

[19] 舒迎澜 . 古代花卉 [M] . 北京：中国农业出版社，1993.

[20] 张清文 . 建筑装饰工程手册 [M] . 南昌：江西科学技术出版社，2000.

[21] 丁洁民，张洛先 . 建筑装饰工程设计 [M] . 上海：同济大学出版社，2005.

[22]《建筑设计资料集》编委会 . 建筑设计资料集 [M] . 2 版 . 北京：中国建筑工业出版社，1998.

[23] 鲁一平，朱向军，周刃荒 . 建筑设计 [M] . 北京：中国建筑工业出版社，1999.

[24] 朱向东 . 建筑装饰设计 [M] . 北京：科学出版社，2003.

[25] 王晓燕 . 城市夜景观与设计 [M] . 南京：东南大学出版社，2000.

[26] 张连生，尹文，何莉，等 . 装饰色彩 [M] . 沈阳：辽宁美术出版社，2006.

[27] 浙江美术学院环境艺术系 . 室内设计基础 [M] . 杭州：浙江美术学院出版社，1990.

[28] 刘圣辉，悠悠，徐佳兆 . 新上海餐厅：2 [M] . 沈阳：辽宁科学技术出版社，2004.

[29] 李强 . 空间 · 风格店 [M] . 天津：天津大学出版社，2005.

[30] 薛晓峰，陈煜堂，宏亮 . 星级宾馆酒店室内设计精华 [M] . 哈尔滨：黑龙江科技出版社，1995.

[31] 朱志杰 . 中国现代建筑装饰实录 [M] . 北京：中国计划出版社，1994.

[32] 中美圣拓设计 . 多元样板间 [M] . 北京：中国轻工业出版社，2005.

[33] 弗里德曼 . 简约之美：现代主义风格 [M] . 徐健，译 . 天津：天津科技翻译出版公司，2002.

[34] 立宜 . 家装快递：A [M] . 北京：中国轻工业出版社，2004.

[35] 立宜 . 家装样板房：2- 理念篇 [M] . 北京：中国轻工业出版社，2004.